石墨烯/铝基复合材料选择性激光熔化成形

赵占勇 著

扫描二维码获取
本书彩图资源

北 京

冶金工业出版社

2023

内 容 简 介

本书共 7 章，主要内容包括：石墨烯表面镀铝化学还原反应热力学及动力学行为；镀铝石墨烯在铝基复合粉末中的分散规律；选择性激光熔化成形石墨烯/铝基复合材料组织性能、界面结合机理、摩擦磨损行为和腐蚀行为等。

本书可供金属材料、材料加工等工程领域的研究人员、高等院校专业师生使用。

图书在版编目（CIP）数据

石墨烯/铝基复合材料选择性激光熔化成形/赵占勇著 . —北京：冶金工业出版社，2023.6

ISBN 978-7-5024-9533-6

Ⅰ.①石… Ⅱ.①赵… Ⅲ.①激光技术—应用—石墨烯—铝基复合材料—金属材料加工性能 Ⅳ.①TB333.1

中国国家版本馆 CIP 数据核字（2023）第 105123 号

石墨烯/铝基复合材料选择性激光熔化成形

出版发行	冶金工业出版社		**电　话**	（010）64027926
地　址	北京市东城区嵩祝院北巷 39 号		**邮　编**	100009
网　址	www. mip1953. com		**电子信箱**	service@ mip1953. com

责任编辑　王　双　美术编辑　吕欣童　版式设计　郑小利
责任校对　葛新霞　责任印制　禹　蕊
三河市双峰印刷装订有限公司印刷
2023 年 6 月第 1 版，2023 年 6 月第 1 次印刷
710mm×1000mm　1/16；10.75 印张；206 千字；161 页
定价 79.00 元

投稿电话　（010）64027932　投稿信箱　tougao@ cnmip. com. cn
营销中心电话　（010）64044283
冶金工业出版社天猫旗舰店　yjgycbs. tmall. com
（本书如有印装质量问题，本社营销中心负责退换）

前　　言

随着科学技术的发展，我国在航空航天、军工、电子、汽车等领域综合实力大幅提升，对材料提出了更轻质、性能更高的要求。石墨烯具有高强度、高韧性和高导电性等优点，将其添加到铝合金中，可有效改善铝合金的综合性能，使其在力学、光学、热学、电学等方面具有重要应用潜力。因此，石墨烯/铝基复合材料已成为一种重要的复合材料。西方工业较发达国家已将石墨烯/铝基复合材料作为重点研发对象。

针对石墨烯/铝基复合材料的成形，国内外进行了大量研究，相继开发了多种成形方法，包括液态搅拌铸造、搅拌摩擦、大塑性变形、粉末冶金等。但是制备石墨烯/铝基复合材料仍存在以下两方面问题：一是石墨烯与铝密度相差大，润湿性差，在铝基体中易团聚，界面结合性能差；二是复杂零件制备周期长、成本高，甚至无法成形。

选择性激光熔化成形（Selective Laser Melting，SLM）是将金属粉末逐层沉积叠加构造成三维物体，可快速低成本成形结构复杂零件。SLM 成形时，金属粉特性直接影响 SLM 成形过程稳定性及制件组织性能，因此要求成形用金属粉末具备纯度高、球形度好、粒径小、粒径分布范围窄（15~45μm）等特性。由于石墨烯与铝基体的密度相差大、润湿性差、在铝基体中难以均匀分散，石墨烯/铝基复合粉末的制备成为制约其在 SLM 成形增材制造领域应用的一个难题。因此，作者根据自身多年科研成果总结编写本书，旨在为快速制备高性能石墨烯/铝基复合材料提供参考。

本书首次采用有机铝化学还原法进行石墨烯表面镀铝，以改善石墨烯与铝基体的润湿性、分散性及界面结合性能。然后将镀铝石墨烯与铝合金粉进行真空混合，制备镀铝石墨烯分布均匀的铝基复合粉末，最后对石墨烯/铝基复合粉末进行选择性激光熔化成形，实现了复杂构件的快速成形。本书共分为 7 章，主要内容包括：石墨烯表面镀铝化学还原反应热力学及动力学行为、镀铝石墨烯在铝基复合粉末中的分散规律、选择性激光熔化成形石墨烯/铝基复合材料组织性能、界面结合机理、摩擦磨损行为和腐蚀行为等。本书中涉及的彩色图片需要通过扫描二维码查看。

　　本书在编写过程中得到了多位专家的指导和大力帮助，在此表示衷心的感谢！本书还参考了同行专家、学者的专著、研究成果及论文等文献，在此一并致谢！

　　由于时间仓促，水平有限，书中不足之处，恳请读者批评指正。

作　者

2022 年 12 月

目　　录

1 绪　　论

1.1　石墨烯简介

金属基复合材料是以金属及其合金为基体，以纤维、晶须、颗粒等高强度材料为增强体，制备而成的复合材料[1-6]。根据基体类型，金属基复合材料主要分为铝基、镁基、锌基、铜基、钛基、镍基、金属间化合物等[7-9]。铝基复合材料是金属基复合材料中应用最广的一种。铝基体为面心立方结构，具有良好的塑性和韧性，加之其易加工性、工程可靠性好、成本低，为其在工程上广泛应用创造了有利条件[10-13]。

增强体作为铝基复合材料的重要组成部分，不仅要求具有良好的力学性能和综合特性，还要求具有良好的化学稳定性和与基体的相容性。目前，增强体主要包括碳化物、金属氧化物、氮化物、硼化物等。碳化物主要包括 SiC、B_4C 和 TiC 等[14-16]，金属氧化物主要包括 Al_2O_3、ZrO_2 和 MgO 等[17-18]，氮化物主要包括 Si_3N_4、AlN 和 BN 等[19-21]，硼化物主要包括 TiB_2 和 TiB 等[22-23]。增强体可以以不同的尺寸（如微米、亚微米或纳米）、不同的形貌（如颗粒、晶须或纤维）和不同的比例添加到铝合金中，改善合金性能，铝基复合材料已经广泛应用于航空航天、汽车、电子和军事领域[24-28]。

2004 年，英国曼彻斯特大学物理学家安德烈·海姆和康斯坦丁·诺沃肖洛夫，成功地在实验中从石墨中分离出石墨烯[29-31]。石墨烯是一种以 sp^2 杂化连接的碳原子紧密堆积成单层二维蜂窝状晶体结构的材料[32]，如图 1-1（a）所示，单层石墨烯厚度约 0.35nm，碳原子配位数为 3，每两个相邻碳原子间的键长为 0.142nm，键与键之间的夹角为 120°，除了 σ 键与其他碳原子链接成六角环的蜂窝式层状结构外，每个碳原子的垂直于层平面的 p_z 轨道可以形成贯穿全层的多原子的大 π 键。石墨烯的理论杨氏模量为 1TPa，固有的拉伸强度为 130GPa。石墨烯独特的载流子特性，使其电子迁移率达到 $2×10^5 cm^2/(V·s)$，超过硅 100 倍，且几乎不随温度变化而变化。另外，石墨烯具有良好的导热性，导热系数为 $3000～5000W/(m·K)$[29-33]。石墨烯中部分碳原子被氧化后，其平面结构会发生改变，形成氧化石墨烯（见图 1-1（b）），氧化石墨烯含氧官能团多，活性比石墨烯强[34-40]。氧化石墨烯表面大量的含氧官能团被还原后得到还原氧化石墨烯，还原氧化石墨烯含有残留的氧和其他杂原子以及结构缺陷，但仍具有较好的综合电极性能（见图 1-1（c））[41-44]。石墨烯作为增强体添加到金属材料中，可显著改善金属材料的硬度、耐磨性和导电性，与传统的碳化物、金属氧化物、氮化物、硼化物增强体相比，石墨烯比表面积大，性能改善效果具有明显优势。

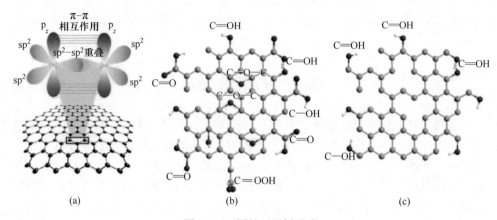

图 1-1　不同的石墨烯种类

（a）石墨烯；（b）氧化石墨烯；（c）还原氧化石墨烯

1.2　石墨烯与金属基体界面结合

石墨烯和金属基体间的界面结合方式对复合材料的力学性能具有重要影响。石墨烯与金属基体的界面结合方式主要有物理结合和化学结合两种。（1）物理结合强度较弱，主要是以范德华力和氢键的方式结合；（2）化学结合强度较高，主要是以化学键的方式结合，化学结合键能比物理结合大一个数量级[45]。石墨烯与金属界面结合主要是集中在过渡金属原子吸附在石墨烯表面，物理结合界面间存在电荷转移。石墨烯 π 电子与金属 s 电子泡利排斥作用也是一个重要的物理吸附界面，金属表面原子靠近石墨烯时，石墨烯上 π 电子层大部分被金属 s 电子占据，进而发生泡利排斥[45-46]。程功等人研究表明，石墨烯与金属基体的物理结合界面上，具有线性能带交叉特点的石墨烯 π 能带结构存在于狄拉克点处，但是掺杂不同，狄拉克点也会发生移动[45-46]。化学结合界面通常由轨道杂化形成，金属 d 原子与石墨烯 π 电子相互重叠交叉发生杂化，形成结合能力较强的共价键，从而提高界面结合强度，改善复合材料的综合性能[45-46]。

高性能石墨烯/金属基复合材料制备过程中仍然存在以下问题：石墨烯易团聚，石墨烯具有较大的比表面积，较高的表面能，石墨烯片层间存在强烈的范德华力，同时由于石墨烯表面褶皱，导致石墨烯片层间具有强大的团聚亲和力，从而容易引起石墨烯团聚[47]；石墨与金属基体润湿性差，大多数金属熔体与石墨烯润湿角大于90°，例如，当铝合金被加热到660~860℃时，铝合金和石墨烯之间的润湿角约为150°，并且在固-液界面处难以形成碳化物[48]，Cu-1%Ti合金在1150℃时，其与石墨烯的润湿角为150°。由于金属熔体与石墨烯润湿张力小，其润湿性较差。

有些合金元素能与石墨烯反应，改善界面润湿性，如钛合金与石墨烯反应生成TiC，可以提高润湿角；Sn可以提高Cu-xSn-1%Ti合金和石墨烯之间的润湿性，在1150℃时，当Sn含量（质量分数）从0%增加到20%时，Cu-xSn-1%Ti合金和石墨烯之间的润湿角从150°降低到22°，且Cu-xSn-3%Ti合金和石墨烯之间的润湿角从140°降低到0°[49]。石墨烯表面性能和合金元素对石墨烯与金属基体的润湿性和分散性具有重要影响，改善石墨烯与金属基体间的润湿性和分散性是目前亟待解决的关键问题。

1.3 石墨烯与铝基体界面润湿性改善方法

由于石墨烯与铝基体密度相差大、润湿性差，石墨烯在铝基体中难以均匀分散，为了改善石墨烯和铝基体之间的润湿性，提高石墨烯分散性，增强界面结合强度，往往需要改善石墨烯与金属基体的润湿性，目前主要有以下几种方法：石墨烯表面改性、微合金化和石墨烯缺陷工程，如图1-2所示。

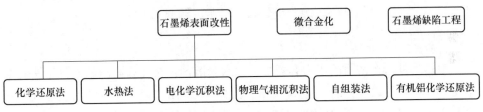

图1-2 石墨烯与金属基体润湿性改善方法

1.3.1 石墨烯表面改性方法

目前常用的石墨烯表面改性方法主要有化学还原法、水热法、电化学沉积法、物理气相沉积法、自组装法、有机铝化学还原法。

1.3.1.1 化学还原法

化学还原法是通过化学还原反应将金属纳米粒子附着在石墨烯表面，改善石墨与金属基体之间的润湿性，如图1-3所示，目前比较常见的是将银、金和镍等纳米粒子通过化学还原反应方法沉积在石墨烯表面。不同的金属粒子，溶液和反应条件不同，例如，Hao等人[50]使用AgNO$_3$溶液在石墨烯表面沉积了纳米银粒子，从而提高了石墨烯在银基体中的分散性，提高了石墨烯/银基复合材料的力学性能和导电性能。Muszynski 等人[51]通过 $AuCl_4$ 与 $NaBH_4$ 在石墨烯-十八胺悬浮液中化学还原反应，在石墨烯表面合成了纳米金粒子。Tang 等人[52]利用 $NiSO_4 \cdot 6H_2O$、$N_2H_4 \cdot H_2O$ 和 NaOH，通过化学还原反应，在石墨烯纳米片表面修饰了镍涂层，大大提高了石墨烯纳米片在 Cu 基体中的分散。化学还原法对石墨烯表面改性、修饰金属涂层，具有成本低、过程简单等优点，可有效改善石墨烯与金属基体的润湿性，提高石墨烯分散性及其与基体界面结合强度，但是，在化学还原过程中，存在一定的危险性，实验废液需要处理后排放。

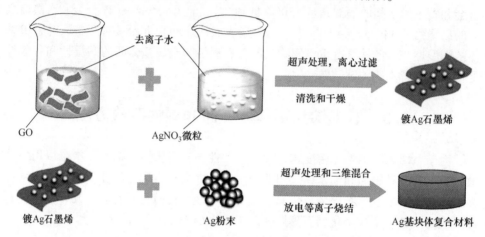

图 1-3 化学还原法在石墨烯表面沉积 Ag 粒子示意图

1.3.1.2 水热法

水热法是指在密封的压力容器中，以水为溶剂，在高温高压的条件下进行化学反应，在石墨烯表面合成金属粒子。例如，Kumar 等人[53]通过水热法在石墨烯上合成 Ag 纳米粒子。He 和 Kirubasankar 等人[54-55]采用水热法在石墨烯表面分别合成了 MoO_3 和硒化镍纳米粒子。水热法成本低、无需烧结、可控性好，可用于制备高纯度的复合材料，然而水热合成受温度、反应时间和溶剂种类的影响，需要精确控制反应条件。

1.3.1.3 电化学沉积法

电化学沉积是指在外电场作用下，在电解质溶液中由阴极和阳极构成回路，通过氧化还原反应，使溶液中的离子沉积到阴极或阳极表面，从而形成镀层。当足够的电流通过溶液时，工作电极附近的金属粒子逐渐沉积到石墨烯表面，如图 1-4 所示，金属粒子的类型、结构和尺寸可以通过控制电解质和工艺参数来改变。例如，Zhao 等人[56]通过电化学沉积在石墨烯纳米片表面沉积了铜粒子，制备了氧化石墨烯增强铜基复合材料，该实验中电解液为 $CuSO_4 \cdot 5H_2O$ 和 $NiSO_4 \cdot 6H_2O$，温度为 15 ~ 35℃，电流为 0.1A，pH 值为 3.5 ~ 5.5，持续时间为 48h。Dau 等人[57]将石墨烯电极置于含有 $K_3[Fe(CN)_6]$ 的 KCl 溶液中，电压在-1.5~1.5V 之间，电极扫描速率为 50mV/s，循环扫描 20 次，在石墨烯纳米片表面电沉积了 Fe_3O_4 纳米颗粒。Yu 等人[58]把石墨烯电极置于在 H_2PtCl_6 溶液中，电压为 -0.2V（相对 Ag/AgCl），持续 20s，在石墨烯表面电沉积了铂纳米颗粒。在电化学沉积过程中，无需要添加化学试剂，操作简单、绿色环保，石墨烯分散性好，但是在电化学沉积过程中，石墨烯涂层厚度很难控制。

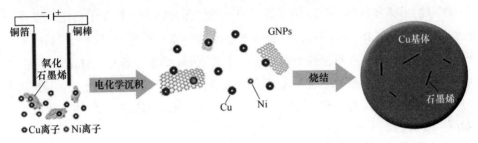

图 1-4　电化学沉积法制备石墨烯/铜复合材料示意图

1.3.1.4　物理气相沉积法

物理气相沉积是用物理的方法（如蒸发、溅射等）使镀膜材料气化，在基体表面沉积成膜，物理气相沉积可以在石墨烯表面修饰薄层金属膜，如图 1-5 所示。石墨烯表面特性及纳米金属粒子种类、大小、形貌都会影响涂层厚度[59]。除了金属纳米粒子外，一些非金属纳米颗粒也可通过物理气相沉积在石墨烯表面，例如，Suzuki 等人[60]通过物理气相沉积方法制备了 SiO 包覆的石墨烯。物理气相沉积具有设备相对简单、易于操作、涂层质量好、纯度高、层厚易控制、成本低、适于大规模生产等优点。

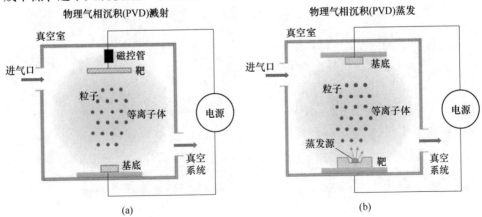

图 1-5　物理气相沉积示意图

（a）溅射；（b）蒸发

1.3.1.5 自组装法

自组装法是指基本结构单元（分子、纳米材料、微米或更大尺度的物质）在热力学平衡条件下，通过一些非共价键相互作用，自发形成有序结构。自组装法可以在石墨烯表面高效修饰纳米金属粒子，金属粒子种类、形状和大小可以通过改变自组装材料和工艺参数来控制。自组装法可用于制备多种形式的纳米材料，例如纳米线、纳米棒、纳米膜和纳米管等。Cong 等人[61]利用自组装方法将 α-FeOOH 纳米棒和磁性 Fe_3O_4 纳米粒子与石墨烯薄片结合，制备了石墨烯基多功能纳米复合材料。Bagheri 等人[62]将纳米金棒自组装在石墨烯表面上，制成了长纤维。Hong 等人[63]在石墨烯表面自组装了 2~6nm 纳米金粒子。Huang 等人[64]利用纳米金属材料在还原氧化石墨烯表面组装合成了荧光金纳米点。自组装法可控性强，组装体周期性有序，但是其稳定性不足，分子间的相互作用力较弱，组装操作时间较长。

1.3.1.6 有机铝化学还原法

采用有机铝化学还原法可以在石墨烯表面修饰纳米铝层，基本原理是将纯铝粉（Al）加入卤代烃（$(C_2H_5)_2Br$）中，生成有机铝（$(C_2H_5)_3Al$），在有机铝（$(C_2H_5)_3Al$）溶液中加入四氢呋喃（C_4H_8O）等醚类溶剂，随后将表面处理的石墨烯加入到有机铝（$(C_2H_5)_3Al$）溶液中，使石墨烯在溶液中均匀分散；然后加入氢化钠（NaH），使 NaH 与有机铝（$(C_2H_5)_3Al$）进行反应，生成的 Al 单质将会以石墨烯为核心，负载在石墨烯表面，石墨烯表面制备的铝涂层达到 84%（见图 1-6）[65-66]。该方法提高了石墨烯与铝基体之间的润湿性及石墨烯在铝基体中的分散性，提高了石墨烯铝基复合材料的力学性能。

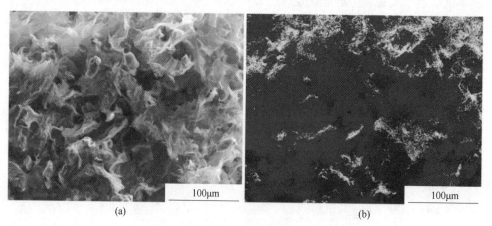

（a）   （b）

图 1-6 石墨烯表面镀铝

（a）SEM；（b）EDS（■ Al 元素；▨ C 元素）

1.3.2 微合金化方法

界面结合强度对石墨烯金属基复合材料综合性能具有重要影响，微合金化可以促进石墨烯与金属基体界面形成析出相，改善结合强度，提高复合材料综合性能。在石墨烯（碳纳米管）铜基复合材料添加 Ti、Cr、B 或 Zr 合金元素，能够促进界面碳化物层的形成，改善界面结合强度，降低界面裂纹萌生的敏感性，提高复合材料的力学性能。

1.3.3 石墨烯缺陷工程

石墨烯表面缺陷对界面结合具有重要的影响，石墨烯表面缺陷区域比较活跃，容易形成氧化物/碳化物，从而改善石墨烯与金属基体的界面结合强度。石墨烯表面缺陷往往通过等离子体处理技术产生。Chu 等人采用等离子体技术对石墨烯进行了处理，使其表面产生缺陷，然后采用放电等离子烧结技术制备了石墨烯/铜基复合材料，在石墨烯缺陷位置形成了 Cu_xO_y，改善了界面结合强度，提高了石墨烯/铜基复合材料力学性能。

1.4 石墨烯/铝基复合材料的成形方法

石墨烯增强铝基复合材料的制备方法可以分为 3 大类，即液态成形方法、固态成形方法和沉积成形方法。液态成形方法主要包括铸造成形、选择性激光熔化成形和压力渗透成形；固态成形方法主要包括粉末冶金、搅拌摩擦焊、大塑性变形、层层组装、分子尺度混合法和模板法；沉积成形方法主要是冷喷涂成形法、原位合成法。

1.4.1 液态成形方法

1.4.1.1 铸造成形

液态搅拌铸造是将一定含量的石墨烯加入铝合金熔体中，然后通过搅拌使石墨烯在基体中弥散分布，最后进行铸造或挤压成形，如图 1-7 所示，铸造成形方法简单、高效。液态搅拌铸造过程中石墨烯与金属基体的密度相差较大，润湿性差，石墨烯在金属熔体中难以均匀分散，为了改善石墨烯与铝基体的润湿性，往往对石墨烯表面进行改性。

1.4.1.2 选择性激光熔化成形

选择性激光熔化成形（Selective Laser Melting，SLM）是将金属粉末逐层沉积叠加构造成三维物体，如图 1-8 所示，可快速低成本成形结构复杂零件。采用 SLM 成形方法制备了石墨烯/铝基复合材料，石墨烯与铝基体界面位置形成了 Al_4C_3（见图 1-9），提高了润湿性，石墨烯/铝基复合材料维氏硬度比纯 Al 高 75.3%[67]。SLM 成形时，要求成形用金属粉末具备纯度高、球形度好、粒径小、

图 1-7 搅拌铸造成形示意图

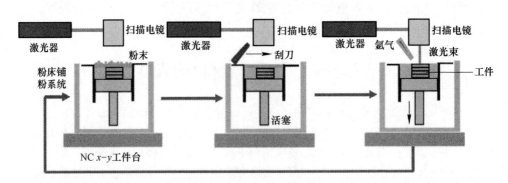

图 1-8 SLM 成形示意图

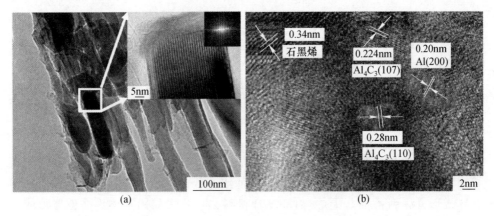

图 1-9 SLM 成形石墨烯/铝基复合材料
（a）TEM 图；（b）HRTEM 图

粒径分布范围窄（15~45μm）等特性，因此，石墨烯/铝基复合粉末的制备要求非常严格，同时，石墨烯会影响 SLM 成形过程中金属粉末的激光吸收率，容易形成孔隙、夹杂物、变形等缺陷，必须严格调整激光功率、曝光时间、扫描速度、扫描路径等工艺参数。

1.4.1.3　压力渗透成形

压力渗透将石墨烯预制件放入模具中，注入金属熔体，通过压力，将金属熔体强行压渗入石墨烯预制件中，制成石墨烯增强金属基复合材料，如图 1-10 所示。目前，利用压力渗透方法制备了多种力学性能和导电性优良的石墨烯/铝基复合材料。Shao 等人[68]采用压力渗透法制备了石墨烯纳米片/5083 铝基质复合材料，其抗拉强度提高了 14%。Yu 等人[69]通过压力渗透和热挤压制备了石墨烯纳米片/6063 合金复合材料，其抗拉强度达到 276MPa，比 6063 合金高出22.5%左右，电导率大大提高。Yang 等人[70]通过压力渗透制备了石墨烯纳米片/纯 Al 复合材料，石墨烯纳米片在基体中均匀分布（见图 1-11），界面结合良好。

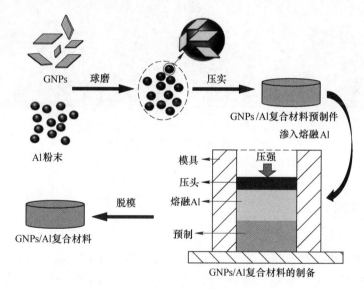

图 1-10　压力渗透制备石墨烯/铝复合材料示意图

压力渗透可以克服石墨烯与金属基体润湿性差的缺点，同时压力渗透速度快，可避免石墨烯与基体之间的反应。压力渗透过程中，预热温度、入渗压力、压速和保压时间等工艺参数对石墨烯/金属基复合材料性能影响较大，压力较高，零件容易变形。尺寸大、形状复杂的零件对制造设备要求高，难以形成，因此控制成形工艺参数极其重要。

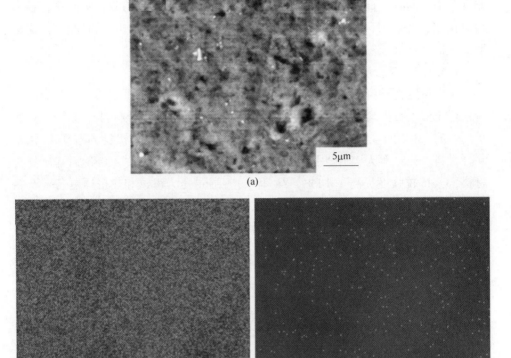

图 1-11 压力渗透制备石墨烯/铝基复合材料

(a) 合金形态；(b) 铝元素相应分布；(c) 碳元素相应分布

1.4.2 固态成形方法

1.4.2.1 粉末冶金

首先将石墨烯和铝粉混合，然后预压成型，最后采用热压、热等静压或放电等离子烧结等方法制备复合材料，如图 1-12 所示。为了进一步提高复合材料的性能，往往对复合材料进行了进一步的热挤压、热锻造或热轧处理，如图 1-13 所示。目前石墨烯/铝基复合材料制备大部分采用粉末冶金法，Li 等人[71]利用粉末冶金法制备了质量分数为 0.4%的石墨烯纳米片/铝基复合材料，然后在室温下进行多道次冷拔成形，石墨烯纳米片分布均匀，界面结合良好，如图 1-14 所示，粉末冶金可低成本制备复杂零件，但是仍存在以下不足：(1) 烧结过程中铝粉表面易氧化，降低界面结合力；(2) 制备大块制品比较困难；(3) 制备复杂零件周期长、成本高。

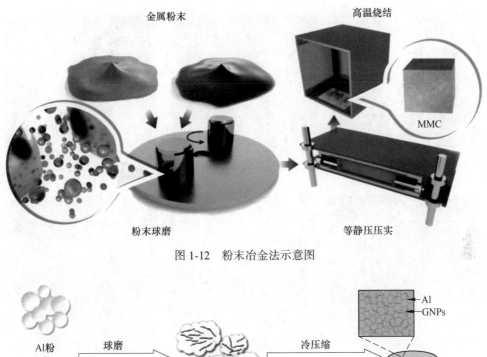

图 1-12 粉末冶金法示意图

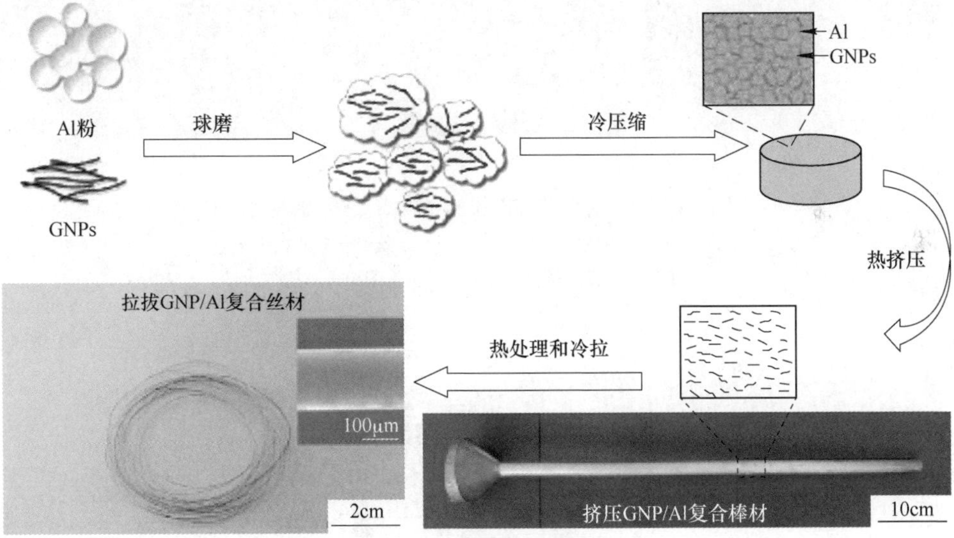

图 1-13 粉末冶金结合挤压法制备石墨烯/铝复合材料示意图

1.4.2.2 搅拌摩擦焊

搅拌摩擦焊是英国焊接研究所于 1991 年发明的，利用高速旋转的焊具与工件摩擦产生的热量使被焊材料局部熔化，当焊具沿着焊接界面向前移动时，被塑性化的材料在焊具的转动摩擦力作用下由焊具的前部流向后部，并在焊具的挤压下形成致密的固相焊缝，如图 1-15 所示。经过多年的发展，搅拌摩擦焊接技术已广泛应用于轻合金（如铝、镁合金）焊接和高性能复合材料的制备。例如，Liu 等人[72]通过搅拌摩擦焊接制备了石墨烯铝基复合材料，热导率提高了 15%

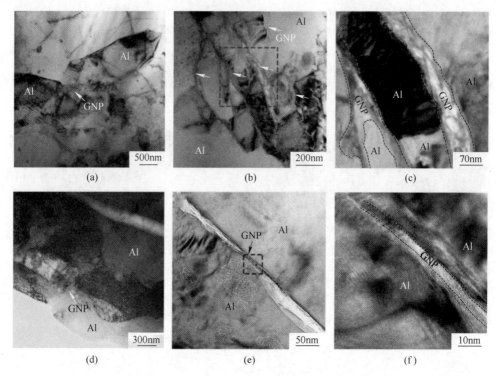

图 1-14 粉末冶金结合冷拉制备的石墨烯/铝复合材料

(a)~(c) 挤出的棒材 ((c) 为 (b) 图中方框的放大图)；

(d)~(f) 拉拔成的丝材 ((f) 为 (e) 图中方框的放大图)

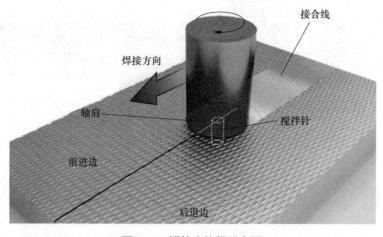

图 1-15 搅拌摩擦焊示意图

以上。Khodabakhshia 等人[73]通过搅拌摩擦制备了石墨烯纳米片/Al-Mg 复合材料。搅拌摩擦焊过程中没有熔焊典型的热影响区，残余应力低，操作方便，适合不同材料的焊接，不需要添加焊丝，成本低，但是仍存在一些问题，如搅拌头磨损太快，焊接速度低，焊接端形成的孔难以修复，焊接工件必须刚性固定等。

1.4.2.3　大塑性变形

大塑性变形是指变形过程中引入大的应变量，从而有效细化晶粒，获得亚微米甚至纳米尺寸的晶粒，通过控制变形过程中微观组织，可以获得高强度与大塑性兼具的金属材料。大塑性变形方法主要有累积轧制、高压扭转、等径角挤压、扭转挤压等[74-86]。Ferreira 等人[87]用累积轧制法制备了氧化石墨烯/铝基复合材料，如图 1-16 所示，然而氧化石墨烯的分散性需进一步提高，如图 1-17 所示。Huang 等人[88]通过高压扭转制备了石墨烯纳米片增强铝基复合材料，石墨烯纳

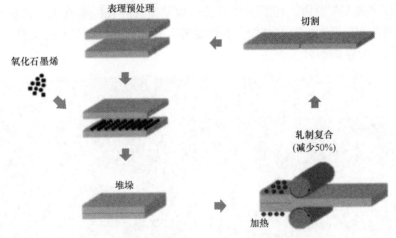

图 1-16　累积轧制法制备氧化石墨烯/铝基复合材料示意图

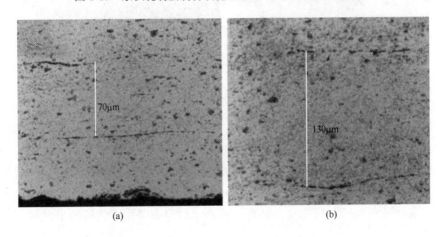

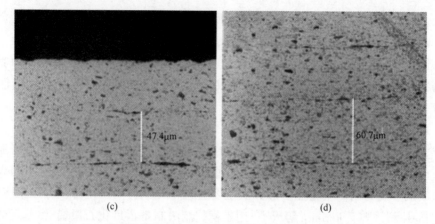

(c)   (d)

图 1-17 累积轧制法制备的氧化石墨烯/铝基复合材料内部组织

（a）（c）循环轧制 4 次样品边部；（b）（d）循环轧制 4 次样品中间层

米片分散并嵌入晶粒内，在晶界位置石墨烯纳米片存在团聚现象，如图 1-18 所示。大塑性变形可制备超细结构、高性能的石墨烯增强金属基复合材料，但难以制备大型、复杂的构件。

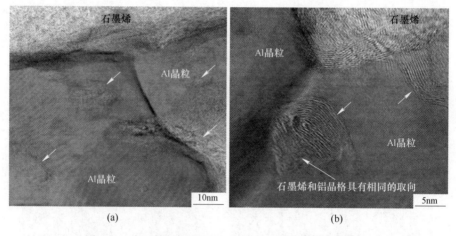

(a)   (b)

图 1-18 高压旋转制备的石墨烯/铝基复合材料内部组织

（a）石墨烯存在基体和晶界位置；（b）部分石墨烯纳米片与 Al 基体取向相同

1.4.2.4 层层组装

层层组装是一种简单、常用的制备金属层状复合材料的方法，层层组装制备石墨烯金属基复合材料基本原理是利用蒸发法在氧化硅表面制备金属薄膜，将化学气相沉积制备的石墨烯置于在金属薄膜上面，然后逐层交替沉积金属薄膜和石墨烯，从而制备了石墨烯金属基层状复合材料，如图 1-19 所示。层层组装方法可制备高强度石墨烯金属基复合材料，然而，目前主要用于制备纳米材料。

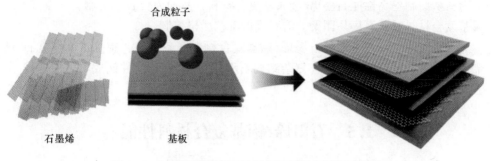

图 1-19 层层组装制备石墨烯金属基复合材料示意图

1.4.2.5 分子尺度混合法

分子尺度混合法主要用于制备石墨烯/铜基复合材料，其基本原理是氧化石墨烯与铜盐混合，Cu^{2+} 和氧化石墨烯被吸附，Cu^{2+} 在 NaOH 溶液中被氧化成 CuO 沉积在氧化石墨烯表面，从而制备了氧化石墨烯/CuO 复合粉末，然后将该复合粉末置于含 H_2 的炉子中，CuO 与 H_2 发生还原反应生成 Cu 沉积到氧化石墨烯表面，从而制备了氧化石墨烯/铜基复合粉，然后利用放电等离子烧结技术对该复合粉末进行烧结成形，从而制备了高性能氧化石墨烯/铜基复合材料。

1.4.2.6 模板法

模板法主要用于制备石墨烯/铜基复合材料，主要分为 3 步：（1）制备厚度 1.5μm 的多孔结构铜栅，孔的尺寸为 20μm×30μm；（2）将氧化还原石墨烯置于多孔的铜栅上；（3）进行热压成形，热压后多孔结构消失，氧化还原石墨烯均匀分布在胞状结构内部，氧化石墨烯/铜基复合材料组织性能优良。

1.4.3 沉积成形方法

1.4.3.1 冷喷涂成形

冷喷涂技术是利用高压空气将粉末颗粒加速到超音速，通过喷嘴沉积在基体上，颗粒与基体冲击时，颗粒发生变形并与基体机械结合形成涂层，该方法还可以制备金属基复合材料。Bakshi 等人[89]通过冷喷涂制备了多壁碳纳米管（CNT）增强铝纳米复合涂层，纳米管均匀分布在基体中，提高了涂层的性能。在冷喷涂过程中，固体颗粒容易变形，发生团聚，破坏了材料结构。为了解决这一问题，Cho 等人[90]开发了低压冷喷涂工艺，制备了多壁碳纳米增强铜纳米复合涂层，碳纳米管可以提高金属基质复合材料的强度和导热系数。

1.4.3.2 原位合成法

原位合成法是直接在金属基体表面原位制备沉积石墨烯，化学气象沉积是制备石墨烯的常用方法，化学气象沉积过程中，前驱体、气体、蒸汽等在高温、真空条件下发生反应或分解，生成的二维纳米材料，如石墨烯等，沉积到金属基体表面，从而制备高性能石墨烯/金属基复合材料，然而原位合成法制备石墨烯/金属基复合材料时，石墨易团聚，需对成形工艺严格控制。

综上所述，开发了多种石墨烯/铝基复合材料制备方法，制备了高性能石墨烯铝基复合材料，然而大型、复杂结构石墨烯/铝基复合构件低成本、快速成形方法仍需进一步开发完善。

1.5 石墨烯/铝基复合材料性能

1.5.1 力学性能

石墨烯具有优异的力学性能，例如：断裂强度可达 130GPa，比钢高 200 倍，其硬度可达 1TPa，是金属复合材料理想的增强体。石墨烯增强金属基复合材料性能受石墨烯体积分数、弥散度、界面结合、合金类型和成形方法的影响，将石墨烯添加到铝合金中，可有效改善铝合金的力学性能，不同方法制备的石墨烯增强铝基复合材料力学性能见表 1-1。石墨烯铝基复合材料具有高刚度、高强度，可广泛应用于航空航天领域[91-93]。

表 1-1 石墨烯增强铝基复合材料的力学性能

材料（质量分数）	成形方法	抗拉强度 /MPa	屈服强度 /MPa	硬度 HV	伸长率 /%	参考文献
0.1%石墨烯/Al	球磨，热等静压，挤压	270	198	84±5	—	[95]
0.3%石墨烯纳米片/Al	粉末冶金	249	—	—	13	[96]
0.3%还原氧化石墨烯/Al	热压			(1.59±0.07)GPa		[97]
1%石墨烯纳米片/Al	热挤压	248	194	—	8.3	[98]
0.3%石墨烯纳米片/Al	半粉末，热挤压	280±5	195±3	85±5	9.53±1.5	[99]
0.5%石墨烯纳米片/Al	粉末冶金，热挤压	467	319	—	11.7	[100]
0.7%少层石墨烯/Al	热轧	440	—	—	—	[101]
石墨烯纳米片/AA5052	搅拌摩擦焊	244.3	148.7	84	20.1	[102]
0.42%少层石墨烯/Al	放电等离子烧结，热挤压	177.5±3.9	148.6±2.6		18.8±2.4	[103]

材料（质量分数）	成形方法	抗拉强度 /MPa	屈服强度 /MPa	硬度 HV	伸长率 /%	参考文献
氧化石墨烯/Al	搅拌摩擦焊	191.99			28	[104]
石墨烯纳米片/Al6061	搅拌摩擦焊	141.53±2.05	86.935±0.685	—	14.88±0.62	[105]
5%石墨烯纳米片/Al	高压扭转	350	—	—	1.8	[106]
1.8%石墨烯纳米片/5083 Al	压力渗透	331.0	186.9	—	6.3	[107]
0.3%石墨烯纳米片/Al6063	压力渗透，热挤压	276.7	—	—	14.7	[108]
1%GNPs/2009Al	粉末冶金，多道次搅拌摩擦焊	514	398	—	10	[109]
氧化石墨烯/Al	累积叠轧	—	—	84.6	—	[110]
2%石墨烯/Al-Sn	机械合金化，真空热压	—	—	91	—	[111]
0.7%石墨烯/Al-10Zn-3.5Mg-2.5Cu	搅拌铸造	582				[112]
0.4%石墨烯纳米片/Al	挤压，冷拔	219±10.4	208±8.2	—	0.84±0.16	[113]
0.54%石墨烯/Al	压力渗透，挤压	275	215	—	11.7	[114]
0.3% 氧化石墨烯/Al	粉末冶金	167			11.5	[115]
40%石墨烯/Al（摩尔分数）	搅拌摩擦焊	147±5	94 ± 5	48.7±0.6	26±1	[116]
2.5%石墨烯/Al	3D 打印	—	—	66.6	—	[117]

石墨烯铝基复合材料中的强化机制主要包括：晶粒细化、位错强化和载荷转移。研究表明，将镀铝石墨烯添加到 AlSi10Mg 合金中，可以有效细化合金晶粒（见图 1-20），在变形过程中钉扎位错和晶界（见图 1-21），从而提高了合金的力学性能[65,94]。

石墨烯可以改善铝合金的抗拉强度，但是石墨烯铝基复合材料的伸长率往往降低，如何同时提高石墨烯铝基复合材料的抗拉强度和伸长率是未来主要研究方向。

1.5.2 导热性能

铝合金的导热系数为 121~151W/(m·K)，而石墨烯的热导率为 4000W/(m·K)，

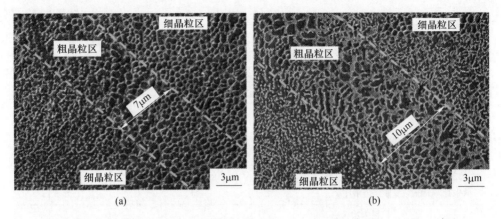

图 1-20 SLM 成形的镀铝石墨烯/AlSi10Mg 复合材料（a）和 SLM 成形的 AlSi10Mg 合金（b）

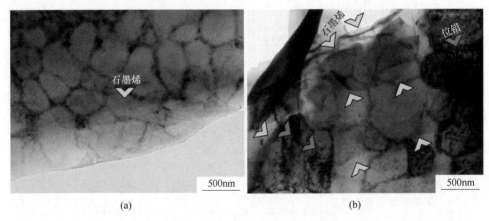

图 1-21 SLM 制备的镀铝石墨烯/AlSi10Mg 复合材料
（a）拉伸变形前；（b）拉伸变形后

将石墨烯添加到铝合金中，可以显著改善铝合金热导率，石墨烯体积分数、分布和形貌对复合材料热导率影响较大。相关研究表明，采用搅拌摩擦焊技术制备的石墨烯增强 5052-H3 铝基复合材料在 250℃时，热导率可达 171.7W/(m·K)[104]，但是当石墨烯铝基复合材料中存在缺陷或石墨烯团聚时，热导率反而降低，因此，为了获得高热导率的石墨烯铝基复合材料，应该避免复合材料内部出现缺陷，同时使石墨烯均匀分布。

1.5.3 导电性能

铝合金具有导电性好、载流量大等优点，可广泛应用于电力行业，随着电力行业的快速发展，对铝合金导电性和力学性能提出了更高的要求，然而提高铝合金强度时，导电性能往往降低，导电性能和力学性能难以同时兼顾。石墨烯中

每个碳原子除了以 σ 键与其他三个碳原子相连之外，剩余的 π 电子与其他碳原子的 π 电子在石墨烯垂直平面形成一个无穷大的离域大 π 键，电子可在此区域内自由移动（见图 1-22），从而使石墨烯具有较低的电阻率 $10^{-6}\Omega \cdot cm$，优异的电导率 $10^6 S/m$ [116-119]。将石墨烯添加到铝合金中，可有效改善铝合金导电性和力学性能（见表 1-2），解决铝合金导电性和力学性能难以同时兼顾的问题。

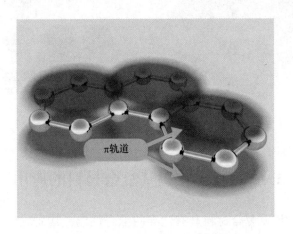

图 1-22 电子在石墨烯层中自由移动的示意图

表 1-2 石墨烯/铝基复合材料的电导率

复合材料（质量分数）	制备方法	导电性能/% IACS	参考文献
0.42%氧化石墨烯/Al	放电等离子烧结和热挤压	60	[103]
5%石墨烯/Al	高压扭转	69.5±2.3	[88]

1.5.4 耐腐蚀性能

铝合金在服役过程中受到环境作用，容易发生腐蚀，从而影响材料的可靠性和服役寿命。金属材料防腐的常用方法是在其表面涂覆保护涂层，然而，导电聚合物防护层难以承受高温[120-121]，石墨烯具有超大的比表面积、优良的阻隔性、高的化学稳定性及良好的导电性等性能，对于防腐涂层综合性能具有较强的提升作用，如增强涂层对基材的附着力，提升涂料的耐磨性和防腐性，同时具有环保安全、无二次污染等特性（见图 1-23）[122]。例如，Laleh 等人[123]在 7049 合金表面制备了氧化石墨烯涂层，其耐腐蚀性提高了约 1237 倍。如果石墨烯涂层内部有缺陷，不但难以起到防腐作用，甚至会加速腐蚀速率，因此，在铝合金表面制备致密性好的石墨烯涂层，可以有效抑制其腐蚀速度。

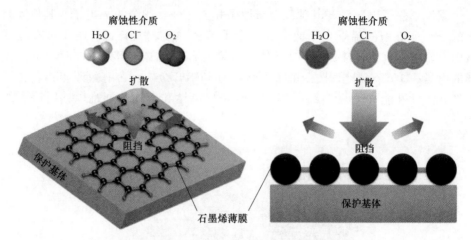

图 1-23 石墨烯对腐蚀介质阻挡示意图

1.6 石墨烯/铝基复合材料的应用

由于石墨烯/铝基复合材料具有优异的综合性能,其在航空航天、汽车、电子、医疗仪器等领域具有广阔的应用前景。

1.6.1 航空航天领域

随着航空航天领域的快速发展,对飞行器重量、性能、能源消耗等提出了更高的要求,迫切需要开发轻质、高强度、高模量、耐高温的高性能金属基复合材料。石墨烯/铝基复合材料具有轻质高强、低热膨胀和高热导率等优异性能,可满足实际航天航空等结构件需求。波音和空客已将石墨烯/铝基复合材料结构件作为重点研发对象。石墨烯/铝基复合材料制备战斗部支架等复杂构件,可使武器装备轻量化,提高作战能力。此外,石墨烯/铝基复合材料具有良好的导电性,可以改善电信号在天线和飞船之间的传输。

1.6.2 电子工业领域

石墨烯铝基复合材料具有高导电性、低热膨胀系数和低密度等特点,可广泛应用于电子工业,如电子封装、电子干扰屏蔽等。石墨烯/铝基电子封装复合材料已经应用于通信卫星和全球定位系统卫星[124],石墨烯/铝基复合材料作为电子器件封装材料,与传统封装材料相比,导热性能提高50%,价格降低50%。石墨烯/铝基复合材料也可制备超长跨度架空导线,提高架空线路的输电能力。

1.6.3 汽车工业

随着汽车工业的发展，全球约 50% 的金属复合材料生产已应用于汽车工业领域[125]。汽车的大部分零件都是由金属复合材料制成的。石墨烯增强铝基复合材料具有较好的性能，可用于制造发动机气缸体、机油泵、车轮、发动机框架等构件。

2 石墨烯表面镀铝化学还原反应热力学及动力学行为

2.1 石墨烯表面镀铝组织演化规律

2.1.1 镀铝石墨烯的制备

采用有机铝化学还原法制备镀铝石墨烯。首先将普通铝粉加入到有机溶剂中制备烷基铝，随后利用烷基铝的热分解将铝原子镀在石墨烯表面。其工艺流程如图 2-1 和图 2-2 所示，具体过程如下。

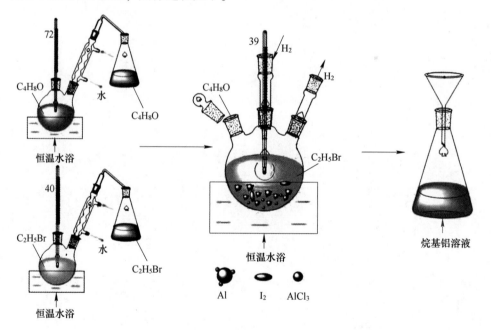

图 2-1　烷基铝制备工艺流程

2.1.1.1 烷基铝的制备

（1）以金属钠丝为指示剂，将四氢呋喃、溴乙烷除水后，保存在加有无水氯化钙的棕色瓶子中密封备用。

（2）在 100mL 的三口瓶中通入氢气，用电子天平称取 1.49g 铝粉加入到三

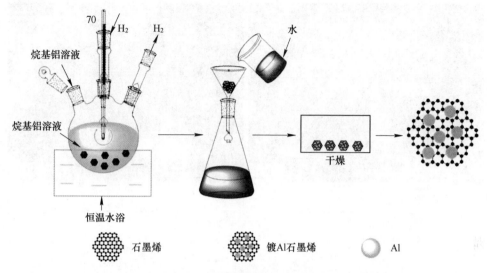

图 2-2 石墨烯表面镀铝工艺流程

口瓶中，用量筒量取 29mL 溴乙烷加入三口瓶，并加入一小片碘和 0.1g 无水氯化铝，将恒温水浴锅的温度设为 39℃、用电动搅拌器不断搅拌。当三口瓶中烟雾逐渐消失且溶液颜色不再变化时，加入冰块保持三口瓶内温度为 0℃，反应 1 小时后，加入适量的四氢呋喃，待溶液相对稳定后，用砂芯漏斗抽滤，所得溶液即为烷基铝溶液。

2.1.1.2 石墨烯表面镀铝

将烷基铝溶液倒入新的三口瓶，通入氢气作为保护气体，用分析天平称取 0.05g 石墨烯加入三口瓶中，将恒温油浴锅的温度设为 70~100℃，用增力搅拌器不停搅拌。反应一段时间后，用分液漏斗抽滤，抽滤过程中反复用蒸馏水清洗至产物为纯黑色，并将其放入烘箱中烘干至恒重。

2.1.2 石墨烯表面镀铝组织演化规律

图 2-3 所示为镀铝石墨烯表面形貌，石墨烯表面镀铝过程中仍为无规则的蜷曲、褶皱状态，说明该过程中搅拌并未对石墨烯结构产生影响。反应 0.5h 后，石墨烯表面局部形成了少量异质粒子，结合 XRD 和 EDS 分析表明（见图 2-3 和图 2-4），这些异质粒子为铝粒子。随着反应时间增加，石墨烯表面铝元素含量逐渐增多，如图 2-3（b）所示。当反应 1.5h 时，大量的铝原子附着在石墨烯表面，石墨烯表面铝元素所占面积为 71%，如图 2-5 所示，形成了界面结合较好的镀铝石墨烯。

图 2-6 所示为镀铝石墨烯高分辨图，可以看出，当反应 0.5h 时，在石墨烯表面形成了具有晶体结构的粒子，其原子面间距为 0.23nm（见图 2-6（a）和（c）），

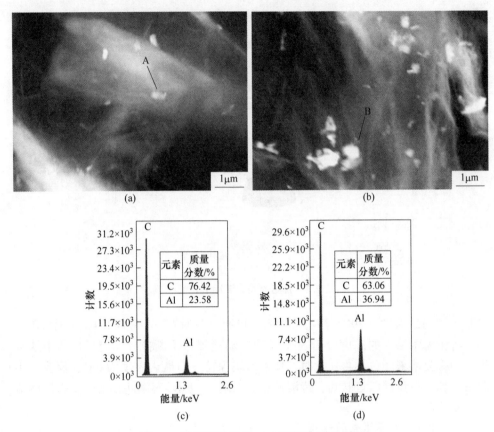

图 2-3 镀铝石墨烯的 SEM 形貌及 EDS 分析

(a) 反应 0.5h；(b) 反应 1h；(c) 位置 A；(d) 位置 B

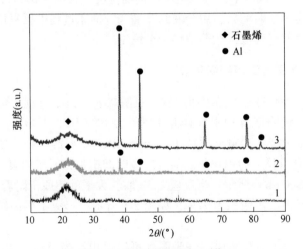

图 2-4 石墨烯镀铝 XRD 图

1—反应 0h；2—反应 0.5h；3—反应 1h

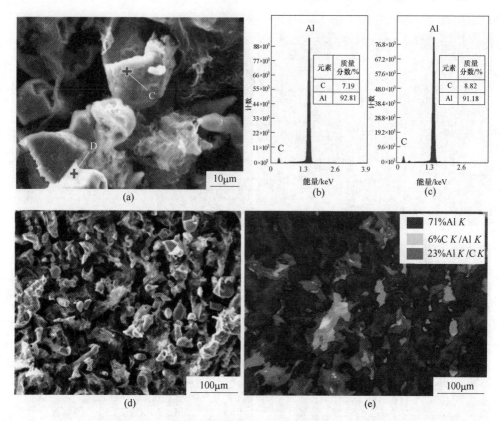

图 2-5 反应 1.5h 镀铝石墨烯
（a）局部形貌；（b）C 点 EDS；（c）D 点 EDS；（d）宏观形貌；（e）面扫描

可以确认该粒子为铝粒子，但数量较少，不连续分布，如图 2-6（a）所示。随着反应进行，石墨烯表面附着的铝粒子逐渐增多，局部区域铝粒子连成一片，铝镀层分布逐渐趋于均匀，如图 2-6（b）所示。

　　铝原子依附在石墨烯表面形核后，其镀层生长主要有两种方式：二维层状生长和三维孤岛状生长。二维层状生长是镀铝层逐层以二维方式增长，镀层表面光滑，如图 2-7（a）所示。有机化学还原法在石墨烯表面镀铝过程中，溶液中铝原子逐渐沉积到石墨烯表面形成铝镀层，由于铝原子的沉积，使镀层附近形成一层铝原子低浓度区，从而抑制镀层垂直方向生长，使镀层优先沿水平方向生长。当石墨烯表面形成一层或多层铝镀层后，由于不断搅拌，铝原子低浓度区不断被破坏，使铝原子继续往镀层上沉积，促进下一镀层生长，形成二维层状生长方式，如图 2-7（c）所示。铝镀层在以二维层状方式生长时，有机铝热分解反应释放氢气，破坏了镀层表面的铝原子低浓度区，使铝原子沿垂直镀层方向不断沉积到镀层表面，使镀层沿水平方向生长的同时，沿垂直方向生长，实现三维孤岛状生长，如图 2-7（b）和（d）所示。

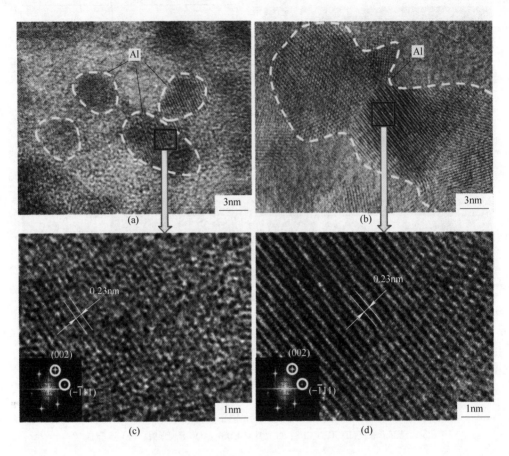

图 2-6 石墨烯镀铝过程 TEM 图
(a)（c）反应 0.5h；（b）（d）反应 1h

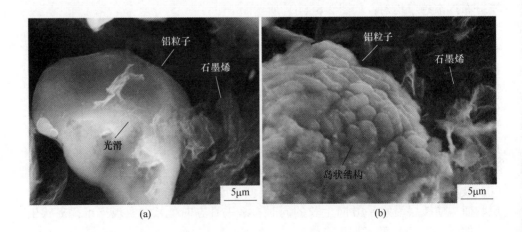

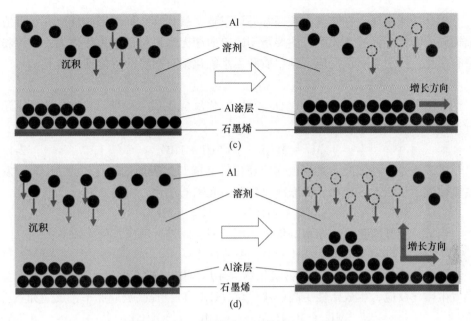

图 2-7　镀铝石墨烯表面形貌及生长示意图

（a）（b）镀铝石墨烯表面形貌；（c）二维层状生长示意图；（d）三维孤岛状生长示意图

2.1.3 石墨烯表面镀铝化学反应机理

采用倍半法制备烷基铝，选用溴乙烷（CH_3CH_2Br）和铝（Al）粉为原料，加入碘（I_2）和无水氯化铝（$AlCl_3$）为引发剂，制备烷基铝，其反应机理如图 2-8 所示。

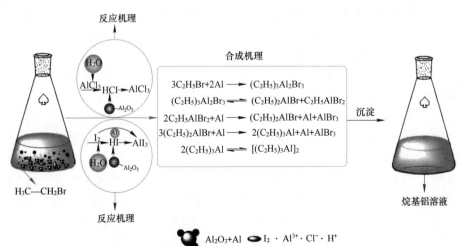

图 2-8　倍半法制备烷基铝反应机理图

铝是活泼金属，在空气中表面容易形成致密氧化膜，抑制铝的反应，在反应前需先去除铝表面的氧化膜。主要是用碘单质和无水氯化铝作为活化剂，对铝粉进行活化，并引发后续反应。碘单质和无水氯化铝对铝粉的活化机理如下。

2.1.3.1　碘单质活化机理

常温下，碘（I_2）与水（H_2O）发生歧化反应生成氢碘酸（HI），其反应速度缓慢，反应式如下：

$$3I_2 + 3H_2O \longrightarrow 5HI + HIO_3 \tag{2-1}$$

氢碘酸是一种强酸，具有极强的还原性，能与铝表面的氧化铝（Al_2O_3）发生氧化还原反应，且碘离子能嵌入氧化膜引起铝的活化，反应如下：

$$Al_2O_3 + 6HI \longrightarrow 2AlI_3 + 3H_2O \tag{2-2}$$

当部分铝被活化后，在水的催化作用下能与碘进行反应，反应如下：

$$2Al + 3I_2 \longrightarrow 2AlI_3 \tag{2-3}$$

因碘的活性比溴强，碱金属碘化物（AlI_3）能与溴乙烷（C_2H_5Br）进行置换发生碘化反应，生成活性更高的碘代烷（C_2H_5I），提高反应速率，反应如下：

$$AlI_3 + 3C_2H_5Br \longrightarrow AlBr_3 + 3C_2H_5I \tag{2-4}$$

2.1.3.2　无水氯化铝活化机理

无水氯化铝（$AlCl_3$）在水中的溶解度很大，当有机溶剂中存在微量的水时，氯化铝在水中发生部分水解，体系呈酸性，反应如下：

$$AlCl_3 + 3H_2O \longrightarrow Al(OH)_3 + 3HCl \tag{2-5}$$

铝粉表面的氧化铝（Al_2O_3）是两性化合物，在酸性溶液中与酸反应生成盐和水，铝粉被活化，进而与溴乙烷进行反应，反应如下：

$$Al_2O_3 + 6HCl_3 \longrightarrow 2AlCl_3 + 3H_2O \tag{2-6}$$

由碘单质和无水氯化铝的活化机理可知，单独使用无水氯化铝和碘单质都不能达到理想的效果，同时使用碘单质和无水氯化铝作为活化剂，既可以提高反应速率，又可以快速破坏氧化膜。

在碘单质和无水氯化铝引发反应之后，反应体系中溴乙烷和活化后的铝反应生成倍半溴代乙基铝（$(C_2H_5)_3Al_2Br_3$）。反应如下：

$$3C_2H_5Br + 2Al \longrightarrow (C_2H_5)_3Al_2Br_3 \tag{2-7}$$

生成的倍半物中，$(C_2H_5)_2AlBr$ 与 $C_2H_5AlBr_2$ 之间的沸点相差较大，且它们之间存在着一个平衡关系：

$$(C_2H_5)_2AlBr \cdot C_2H_5AlBr_2 \rightleftharpoons (C_2H_5)_2AlBr + C_2H_5AlBr_2 \tag{2-8}$$

结合式（2-7）和式（2-8），溴乙烷和铝反应生成溴代乙基铝的反应为：

$$3C_2H_5Br + 2Al \longrightarrow (C_2H_5)_2AlBr + C_2H_5AlBr_2 \tag{2-9}$$

溶液中二溴代乙基铝（$C_2H_5AlBr_2$）和铝继续反应进行烷基化，生成溴代二乙基铝（$(C_2H_5)_2AlBr$），反应如下：

$$2C_2H_5AlBr_2 + Al \longrightarrow (C_2H_5)_2AlBr + Al + AlBr_3 \tag{2-10}$$

溴代二乙基铝和铝反应生成三乙基铝（$(C_2H_5)_3Al$），同时生成新的铝，反应如下：

$$3(C_2H_5)_2AlBr + Al \longrightarrow 2(C_2H_5)_3Al + Al + AlBr_3 \tag{2-11}$$

通常情况下，三乙基铝以双分子的缔合状态存在，即三乙基铝是二聚体，反应如下：

$$2(C_2H_5)_3Al \Longleftrightarrow [(C_2H_5)_3Al]_2 \tag{2-12}$$

烷基铝溶液中主要为三乙基铝和卤代烷基铝，三乙基铝热稳定性差，受热时易分解，首先生成乙烯（C_2H_4）和二乙基氢化铝（$(C_2H_5)_2AlH$），进一步受热过程中二乙基氢化铝分解，最终生成单质铝，其反应机理如图 2-9 所示。三乙基铝热分解过程较复杂，伴随着多种反应的进行。通常情况下，三乙基铝以二聚体的形式存在，随着温度上升，二聚体逐渐离解，反应如下：

$$[Al(C_2H_5)_3]_2 \Longleftrightarrow 2Al(C_2H_5)_3 \tag{2-13}$$

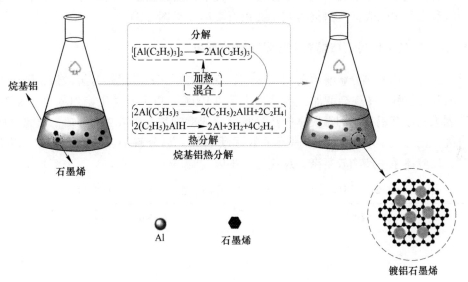

图 2-9　石墨烯化学镀铝反应机理

在搅拌的作用下，三乙基铝在石墨烯表面逐渐均匀分散并逐步受热分解。在分解过程中，三乙基铝首先进行消去反应，生成二乙基氢化铝和乙烯，反应式如下：

$$(C_2H_5)_2AlC_2H_5 \longrightarrow (C_2H_5)_2AlH + CH_2{=\!=}CH_2 \tag{2-14}$$

当溶液中存在乙烯时，三乙基铝和乙烯能发生两类反应：一类是增长反应，即三乙基铝的 C—Al 键同时加到烯烃的双键上，得到高级的烷基铝，反应如下：

$$(C_2H_5)_2AlCH_2CH_3 + CH_2{=\!=}CH_2 \longrightarrow (C_2H_5)_2AlCH_2CH_2C_2H_5 \tag{2-15}$$

另一类是置换反应，即式（2-14）所生成的高级烷基铝的烷基被烯烃置换，生成新的烷基铝化合物和烯烃，反应如下：

$$(C_2H_5)_2AlCH_2CH_2C_2H_5 + CH_2{=}CH_2 \longrightarrow Al(C_2H_5)_3 + CH(C_2H_5){=}CH_2$$

$$(2\text{-}16)$$

进一步的反应中，新的烷基铝化合物消去带支链的烯烃，生成二乙基氢化铝，反应如下：

$$(C_2H_5)_2AlCH_2{-}CHC_2H_5H \longrightarrow (C_2H_5)_2AlH + C_2H_5CH{=}CH_2 \quad (2\text{-}17)$$

二乙基氢化铝进一步分解为氢气、乙烯和单质铝，反应如下：

$$(C_2H_5)_2AlH \longrightarrow Al + \frac{3}{2}H_2 + 2C_2H_4 \quad (2\text{-}18)$$

综上所述，三乙基铝热分解的反应式如下：

$$2(C_2H_5)_3Al \longrightarrow 6C_2H_4 + 3H_2 + 2Al \quad (2\text{-}19)$$

有机化学还原法在石墨烯表面镀铝过程中，随着三烷基铝的分解，铝粒子逐渐沉积在石墨烯表面，最终得到了镀铝石墨烯（见图 2-5）。

2.1.4 工艺条件对石墨烯表面化学镀铝的影响

三乙基铝的热分解有多种反应参与，在低温下三乙基铝热分解较慢，随着温度的升高分解速度逐渐增加，当温度升高到 100℃ 及以上时发生剧烈分解。表 2-1 所列为三乙基铝在不同温度下的热分解反应速度常数。由表 2-1 可知，随温度的升高，三乙基铝热分解反应速度常数逐渐增加，热分解加剧。而在 100℃ 以上时，反应体系中产物较复杂，反应过程难以控制。

表 2-1 不同温度下三乙基铝的热分解常数（k 为反应速度常数）

温度/℃	$k_1/\times10^{-6}L \cdot (mol \cdot s)^{-1}$
86	2.3
95	5.83
105.8	10.5
115.3	27.9

图 2-10 所示为不同反应条件制备的镀铝石墨烯形貌，随着反应温度增加，石墨烯表面铝镀层逐渐增多。产生上述现象主要是因为随着温度的增加，三乙基铝的热分解反应加剧，溶液中的 Al 原子含量增加，使铝粒子逐渐在石墨烯表面实现非均匀形核长大。反应温度为 100℃，加入还原剂 NaH 后，石墨烯表面铝镀层明显增加，且分布较为均匀。

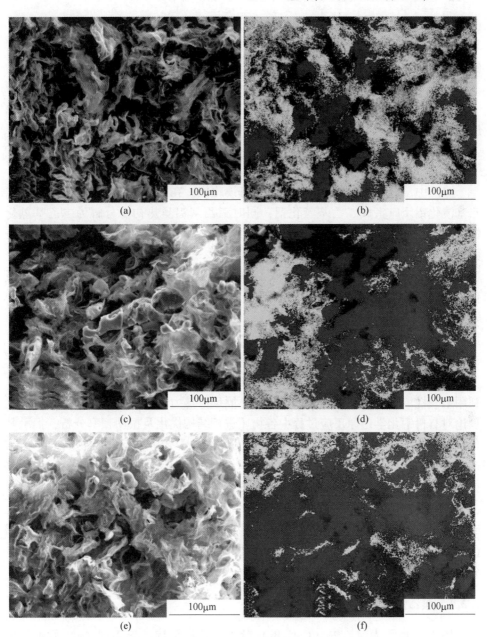

图 2-10 不同反应条件制备的镀铝石墨烯形貌

(a) 反应温度为 70℃，无 NaH；(b) 图 (a) 的面扫描；(c) 反应温度为 100℃，无 NaH；
(d) 图 (c) 的面扫描；(e) 反应温度为 100℃，添加 NaH；(f) 图 (e) 的面扫描

还原剂 NaH 促进反应发生，主要原因为：制备的烷基铝溶液中主要含有二乙基溴化铝（$(C_2H_5)_2AlBr$）、乙基二溴化铝（$C_2H_5AlBr_2$）和三乙基铝

$((C_2H_5)_3Al)$。有机铝化学性质活泼，其中卤代烷基铝能与碱金属的氢化物发生氧化还原反应。溶液中加入还原剂氢化钠（NaH），二乙基溴化铝会与氢化钠发生氧化还原反应，生成二乙基氢化铝，反应如下：

$$(C_2H_5)_2AlBr + NaH \longrightarrow (C_2H_5)_2AlH + HBr \qquad (2\text{-}20)$$

溶液中生成的二乙基氢化铝受热易发生分解，如式（2-18）所示，因此其总反应方程式为：

$$(C_2H_5)_2AlBr + NaH \longrightarrow Al + \frac{3}{2}H_2 + 2C_2H_4 + NaBr \qquad (2\text{-}21)$$

溶液中三乙基铝的含量远小于二乙基溴化铝。在加入氢化钠后，氢化钠与二乙基溴化铝反应生成二乙基氢化铝；同时三乙基铝受热初步分解为二乙基氢化铝，溶液中二乙基氢化铝含量增多，受热分解生成 Al 的含量增加，使石墨烯表面铝镀层含量增加。

因此反应温度100℃，反应时间1.5h，NaH为还原剂是制备镀铝石墨烯的最佳工艺参数。

2.2　石墨烯表面镀铝化学还原反应热力学行为

采用 Material Studio 软件对石墨烯表面镀铝化学还原反应热力学进行模拟。利用第一性原理对石墨烯表面镀铝化学还原反应热力学进行研究。采用密度泛函理论对有机铝化学还原反应过程中各物质进行结构优化及振动频率分析，揭示其化学反应的热力学性质及反应类型。首先建立化学还原反应中各物质的几何结构，并对其进行几何优化，计算振动频率，分析不同物质的热力学性能；根据热力学定律计算烷基铝形成及分解反应的热力学。制备镀铝石墨烯时，根据反应式（2-7）和式（2-8）计算反应热力学，需对反应过程中溴乙烷（C_2H_5Br）、二乙基溴化铝（$(C_2H_5)_2AlBr$），乙基二溴化铝（$C_2H_5AlBr_2$），三乙基铝（$(C_2H_5)_3Al$）和溴化铝（$AlBr_3$）进行结构优化及热力学计算。采用铝簇（Al_3）分子进行结构优化及热力学计算。

2.2.1　溴乙烷的结构优化及热力学性能

图 2-11 所示为溴乙烷（C_2H_5Br）分子的几何结构。图 2-11 （a）所示为在 MS 中搭建的溴乙烷分子的初始结构，并对初始模型进行简单优化。图 2-11 （b）所示为对溴乙烷分子进行几何结构优化后得到稳定分子结构。从图可以看出，结构优化后，$\angle H_1C_1H_2$ 由 109.471° 减小为 108.747°，$\angle H_1C_1C_2$ 由 109.471° 增加为 111.590°，$\angle C_1C_2Br$ 由 109.469° 增加为 111.496°，$\angle BrC_2H_5$ 由 109.472° 减小为 103.736°；H_1—C_1 的键长由 0.114nm 减小为 0.110nm，C_1—C_2 的键长由

0.154nm 缩短为 0.1517nm，C_2—Br 的键长由 0.191nm 增加为 0.2025nm，C_2—H_5 的键长由 0.114nm 缩短为 0.1095nm。在结构优化过程中，各个原子通过振动位移，其键角和键长趋于稳定，总能量逐渐达到最小值。

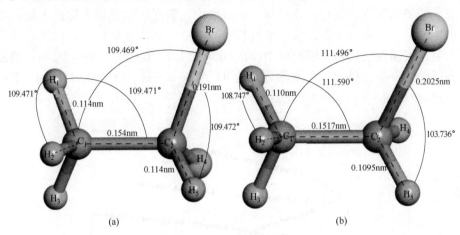

图 2-11 溴乙烷分子的几何结构

(a) 初始结构; (b) 优化结构

在 Dmol3 模拟过程中，热力学性能（熵 S、焓 H、比定压热容 c_p、吉布斯自由能 G）随温度的变化关系可由振动频率计算得到。模拟过程中的总能量为温度为 0K 时的总能量，平动能、转动能、振动能则用来计算瞬时温度下的热力学性能。瞬时焓 H 为：

$$H(T) = E_{vib}(T) + E_{rot}(T) + E_{trans}(T) + RT \tag{2-22}$$

式中，$E_{vib}(T)$、$E_{rot}(T)$、$E_{trans}(T)$ 分别为温度 T 时的振动能、转动能、平动能；R 为理想气体常数。

振动对焓的贡献为：

$$E_{vib}(T) = \frac{R}{k} \frac{1}{2} \sum_i hv_i + \frac{R}{k} \sum_i \frac{hv_i \exp[-hv_i/(kT)]}{1 - \exp[-hv_i/(kT)]} \tag{2-23}$$

振动对熵的贡献为：

$$S_{vib} = R \sum_i \frac{[hv_i/(kT)] \exp[-hv_i/(kT)]}{1 - \exp[-hv_i/(kT)]} - R \sum_i \ln\{1 - \exp[-hv_i/(kT)]\} \tag{2-24}$$

常压下，振动对热容的贡献为：

$$C_{vib} = R \sum_i \frac{[hv_i/(kT)]^2 \exp[-hv_i/(kT)]}{\{1 - \exp[-hv_i/(kT)]\}^2} \tag{2-25}$$

式中，k 为 Boltzmann 常数；h 为 Planck 常数；v_i 为第 i 个原子的振动频率。

图 2-12 所示为根据模拟过程中溴乙烷分子各个原子的振动频率由式（2-22）~

式 (2-25) 计算得到的热力学性能 (熵 S、焓 H、比定压热容 C_p、吉布斯自由能 G) 随温度的变化关系。从图可以看出，在 25~1000K 范围内，溴乙烷分子的焓与温度近似呈线性关系，但其变化率较小，随温度增加焓值增长较慢。溴乙烷分子的熵随温度的变化率逐渐减小，表现为先随温度快速增大后趋于稳定增大的增长形式。常压下溴乙烷分子的热容随温度的升高逐渐增加。而溴乙烷分子的自由能随温度的增大逐渐减小，在 600K 之后出现负值。298.15K 时，溴乙烷分子的焓、熵、热容、自由能分别为 43.533kcal/mol、68.433cal/(mol·K)、15.174cal/(mol·K)、23.127kcal/mol。

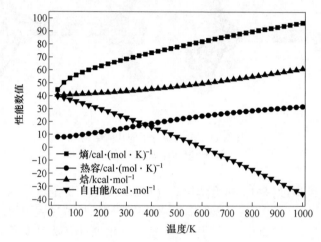

图 2-12 溴乙烷分子的热力学性能随温度的变化关系 (1cal=4.132J)

2.2.2 二乙基溴化铝分子的结构优化及热力学性能

图 2-13 所示为二乙基溴化铝分子 $((C_2H_5)_2AlBr)$ 的初始结构及优化结构。

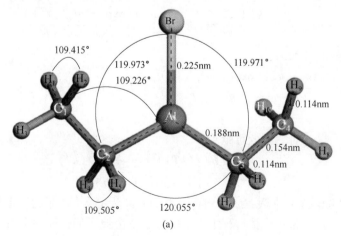

(a)

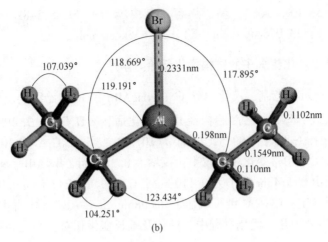

(b)

图 2-13 二乙基溴化铝分子的几何结构

(a) 初始结构；(b) 优化结构

从图可以看出，与原始结构相比，优化后的几何结构中 $\angle H_1C_1H_2$ 由 109.415° 减小为 107.039°，$\angle C_1C_2Al$ 增加了 9.965°，$\angle H_4C_2H_5$ 减小了 5.254°，$\angle C_2AlC_3$ 增加了 3.379°，$\angle C_2AlBr$ 与 $\angle C_3AlBr$ 由原来的相差 0.002° 变为相差 0.774°。Br—Al 键长由 0.225nm 增加到 0.2331nm，Al—C_3 键长由 0.188nm 增加为 0.198nm，C_3—H_7 键长减小了 0.004nm，C_3—C_4 键长增加了 0.0009nm，C_4—H_9 键长由 0.114nm 减小为 0.1102nm。

图 2-14 所示为二乙基溴化铝分子的热力学性能随温度的变化关系。从图可以看出，在 25~1000K 范围内，二乙基溴化铝分子的焓、熵、热容随温度的升高而增大，其值变化相对较大；自由能随温度的升高而下降，接近 700K 时出现

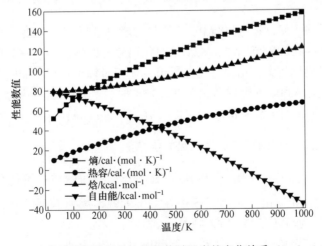

图 2-14 二乙基溴化铝分子热力学性能随温度的变化关系 (1cal=4.132J)

负值。298.15K 时，其焓、熵、热容、自由能分别为 85.548kcal/mol、97.648 cal/(mol·K)、33.078cal/(mol·K)、56.435kcal/mol。

2.2.3　乙基二溴化铝分子的结构优化及热力学性能

图 2-15 所示为乙基二溴化铝分子（$C_2H_5AlBr_2$）的初始结构及优化结构。从图可以看出，乙基二溴化铝结构经几何优化后，$\angle H_1C_1H_2$ 由 109.511° 减小为 104.953°，$\angle H_3C_2H_4$ 由 109.520° 减小为 107.514°，$\angle C_2C_1Al$ 由 109.239° 增加为 117.439°，$\angle C_1AlBr_1$ 变化相对较小，仅增大 0.3°，而 $\angle Br_2AlBr_1$ 减小了 3.685°。H_2—C_1 键长由 0.114nm 减小为 0.1107nm，C_1—C_2 键长仅增加 0.0007nm，说明 C—C 键相对稳定；C_1—Al 键长增加了 0.0085nm，Al—Br_1 键长增加了 0.045nm。乙基二溴化铝分子几何优化过程中，键角及键长变化相对较小，表明其处于相对稳定状态。

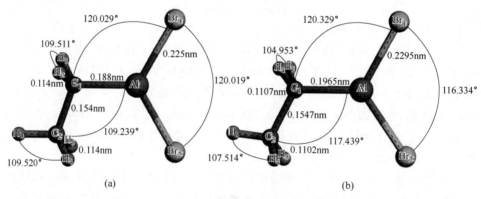

图 2-15　乙基二溴化铝分子的几何结构
(a) 初始结构；(b) 优化结构

图 2-16 所示为乙基二溴化铝分子的热力学性能随温度的变化关系。从图可以看出，在 25~1000K 范围内，乙基二溴化铝分子的焓、熵、热容随温度的升高而增大，熵值变化较大，焓值与比热容值变化相对较小；自由能随温度的升高而下降，直到接近 450K 时出现负值。298.15K 时，其焓、熵、热容、自由能分别为 46.425kcal/mol、94.579cal/(mol·K)、26.606cal/(mol·K)、18.226kcal/mol。

2.2.4　三乙基铝分子的结构优化及热力学性能

图 2-17 所示为三乙基铝（$(C_2H_5)_3Al$）分子的初始结构及优化结构。从图可以看出，$\angle C_2AlC_3$ 由 119.992° 减小为 118.949°，减小了 1.043°；$\angle C_2AlC_5$ 由 119.805° 减小为 119.593°，仅减小 0.212°；$\angle C_3AlC_5$ 由 119.891° 增大为 121.407°，增大了 1.516°；$\angle AlC_5C_6$ 由 108.858° 增大为 117.775°，$\angle H_{11}C_5H_{12}$

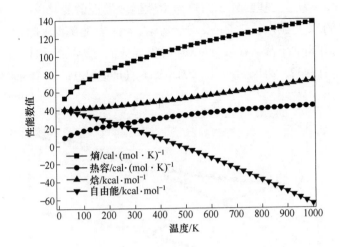

图 2-16　乙基二溴化铝分子热力学性能随温度的变化关系（1cal = 4.132J）

由 109.536°减小为 103.956°，∠$H_{13}C_6H_{14}$由 109.444°减小为 107.130°，表明三乙基铝结构属于空间结构。H_1—C_1键长由 0.114nm 减小为 0.1105nm，C_1—C_2键长由 0.154nm 增大为 0.1551nm，C_2—Al 键长由 0.1879nm 增加为 0.1997nm，C_2—H_4键长由 0.114nm 减小为 0.1112nm。在优化过程中，C—Al 键发生旋转，键角变化较大，键长变化较小，初始结构与优化结构明显不同。

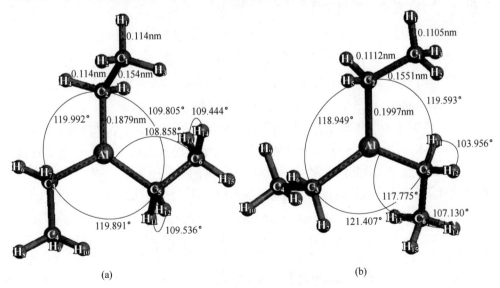

图 2-17　三乙基铝分子的几何结构

（a）初始结构；（b）优化结构

图 2-18 所示为三乙基铝分子的热力学性能随温度的变化关系。从图可以看出,在 25~1000K 范围内,三乙基铝分子的焓、熵、热容随温度的升高而增大;自由能随温度的升高而下降,在接近 900K 时出现负值。298.15K 时,其焓、熵、热容、自由能分别为 125.294kcal/mol、102.836cal/(mol·K)、41.264cal/(mol·K)、94.634kcal/mol。

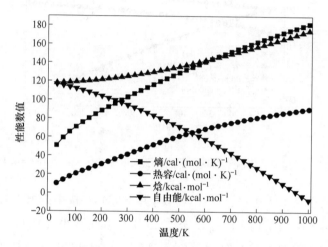

图 2-18 三乙基铝分子热力学性能随温度的变化关系 (1cal = 4.132J)

2.2.5 溴化铝分子的结构优化及热力学性能

图 2-19 所示为溴化铝 (AlBr$_3$) 分子的初始结构及优化结构。从图可以看出,结构优化后,溴化铝分子的键角由等分的 120° 变为 120.687°、120.173°、119.14°。Br$_1$—Al 键长由 0.225nm 增大为 0.2264nm,Br$_2$—Al 键长由 0.2254nm 增大为 0.2264nm,Br$_3$—Al 键长由 0.225nm 增大为 0.2267nm。

图 2-20 所示为溴化铝分子的热力学性能随温度的变化关系。从图可以看出,在 25~1000K 范围内,溴化铝分子的焓、熵随温度的升高而增大,其值变化较小;热容随温度的上升趋向于定值;自由能随温度的升高而下降,25K 初始值即为 0kcal/mol,随温度升高逐渐减小为负值。298.15K 时,其焓、熵、热容、自由能分别为 6.478kcal/mol、88.04cal/(mol·K)、18.250cal/(mol·K)、-19.771kcal/mol。

$$\Delta H = \sum (E + H)_{生成物} - \sum (E + H)_{反应物}$$

$$\Delta G = \sum (E + G)_{生成物} - \sum (E + G)_{反应物}$$

$$\Delta S = (\Delta H - \Delta G)/T$$

表 2-2 所列为倍半物制备过程中各物质的总能量及热力学性能,表 2-3 所列

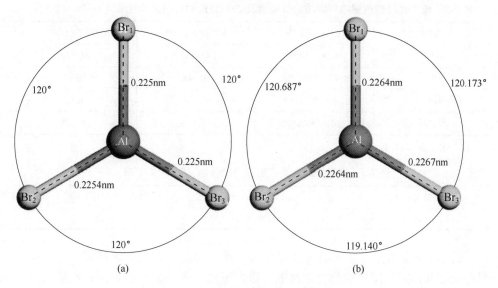

图 2-19　溴化铝分子的几何结构

（a）初始结构；（b）优化结构

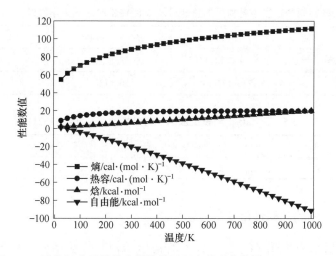

图 2-20　溴化铝分子的热力学性能随温度的变化关系 （1cal＝4.132J）

为根据表 2-2 中各物质热力学性能计算得到的倍半物制备反应的热力学性能。由表可知，在 298.15K 时，倍半物制备反应的 ΔH 为 -160.77kcal/mol；ΔG 为 -139.83kcal/mol；ΔS 为 -70.2cal/(mol·K)，焓变小于零，属于放热反应；自由能变小于零，熵变小于零，降低温度有利于反应的自发进行，与维持温度在零摄氏度实验现象相符。

表 2-2　倍半物制备过程中各物质的总能量及 298.15K 时的热力学性能（1cal=4.132J）

物质	$E/Har \cdot at^{-1}$	$H/kcal \cdot mol^{-1}$	$G/kcal \cdot mol^{-1}$
C_2H_5Br	-423.7794203	43.533	23.127
Al	-727.1831592	4.348	-16.613
$(C_2H_5)_2AlBr$	-745.5311183	85.548	56.435
$C_2H_5AlBr_2$	-1010.8496025	46.425	18.226

注：1Har/at=627.5kcal/mol。

表 2-3　倍半物制备反应的热力学性能（1cal=4.132J）

$\Delta H/kcal \cdot mol^{-1}$	$\Delta G/kcal \cdot mol^{-1}$	$\Delta S/cal \cdot (mol \cdot K)^{-1}$
-160.77	-139.83	-70.2

　　表 2-4 所列为三乙基铝制备过程中各物质的总能量及热力学性能，表 2-5 所列为三乙基铝制备反应的热力学性能。由表可知，在 298.15K 时，三乙基铝制备反应的 ΔH 为 10.64kcal/mol，ΔG 为 19.87kcal/mol，ΔS 为 30.9cal/(mol·K)，焓变大于零，属于吸热反应。

表 2-4　三乙基铝制备过程中各物质的总能量及 298.15K 时的热力学性能（1cal=4.132J）

物　质	$E/Har \cdot at^{-1}$	$H/kcal \cdot mol^{-1}$	$G/kcal \cdot mol^{-1}$
$(C_2H_5)_3Al$	-480.2022142	125.294	94.634
$AlBr_3$	-1276.1579299	6.478	-19.771

表 2-5　三乙基铝制备反应的热力学性能（1cal=4.132J）

$\Delta H/kcal \cdot mol^{-1}$	$\Delta G/kcal \cdot mol^{-1}$	$\Delta S/cal \cdot (mol \cdot K)^{-1}$
10.64	19.87	30.9

2.2.6　乙烯分子的结构优化及热力学性能

　　图 2-21 所示为乙烯（C_2H_4）分子的初始结构及优化结构。从图可以看出，结构优化后，$\angle H_2C_2H_4$ 由 120.001° 减小为 116.504°；C—H 键长由 0.114nm 减小为 0.1094nm，C=C 双键键长由 0.154nm 减小为 0.1342nm。

　　图 2-22 所示为乙烯分子的热力学性能随温度的变化关系。从图可以看出，在 25~1000K 范围内，乙烯分子的焓、熵、热容随温度的升高而增大，自由能随温度的增加逐渐减小，接近 600K 时出现负值。25K 时，熵、焓、热容初始值接近。298.15K 时，其焓、熵、热容、自由能分别为 33.759kcal/mol、55.228 cal/(mol·K)、10.372cal/(mol·K)、17.293kcal/mol。

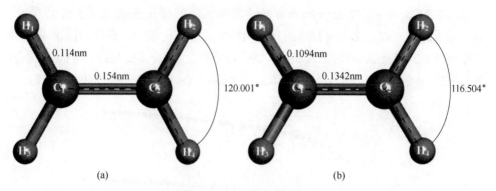

图 2-21 乙烯分子的几何结构

（a）初始结构；（b）优化结构

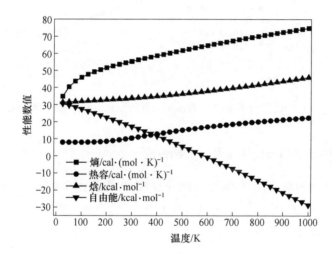

图 2-22 乙烯分子的热力学性能随温度的变化关系（1cal=4.132J）

2.2.7 氢气分子的结构优化及热力学性能

图 2-23 所示为氢气（H_2）分子的初始结构及优化结构。从图可以看出，结构优化后，氢键键长由 0.074nm 增大为 0.0747nm，变化较小，结构处于稳定状态。

图 2-23 氢气分子的几何结构

（a）初始结构；（b）优化结构

图 2-24 所示为氢气分子的热力学性能随温度的变化关系。从图可以看出，氢气分子的焓、熵、热容随温度的升高而增大，但变化较小；自由能随温度的增加逐渐减小，接近 200K 时出现负值。298.15K 时，其焓、熵、热容、自由能分别为 8.367kcal/mol、32.531cal/(mol·K)、6.955cal/(mol·K)、-1.332kcal/mol。

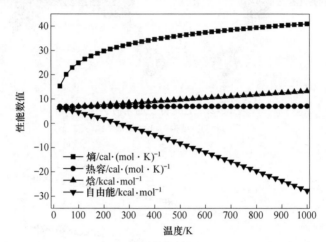

图 2-24 氢气分子的热力学性能随温度的变化关系（1cal=4.132J）

2.2.8 氢化钠分子的结构优化及热力学性能

图 2-25 所示为氢化钠（NaH）分子的初始结构及优化结构。从图可以看出，结构优化后，Na—H 键长由 0.203nm 减小为 0.2013nm，变化较小，表明氢化钠原始结构近似稳定。

图 2-25 氢化钠分子的几何结构
（a）初始结构；（b）优化结构

图 2-26 所示为氢化钠分子的热力学性能随温度的变化关系。从图可以看出，随着温度的升高，焓值逐渐增大；熵值先快速增大后趋于稳定；热熔变化较小；25K 时自由能为 0kcal/mol，随温度的升高逐渐减小为负值。298.15K 时，其焓、熵、热容、自由能分别为 3.421kcal/mol、45.275cal/(mol·K)、7.428cal/(mol·K)、-10.078kcal/mol。

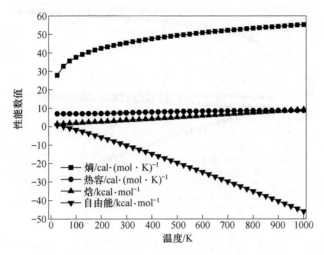

图 2-26 氢化钠分子的热力学性能随温度的变化关系 （1cal=4.132J）

2.2.9 溴化钠分子的结构优化及热力学性能

图 2-27 所示为溴化钠（NaBr）分子的初始结构及优化结构。从图可以看出，结构优化后，Na—Br 键长由 0.280nm 减小为 0.2705nm。

图 2-27 溴化钠分子的几何结构

（a）初始结构；（b）优化结构

图 2-28 所示为溴化钠分子热力学性能随温度的变化关系。从图可以看出，随着温度的升高，焓值逐渐增大，但其值较小；熵值先快速增大后趋于稳定；热熔变化较小；25K 时自由能为 0kcal/mol，并随温度升高逐渐减小为负值，与氢化钠变化相似。298.15K 时，其焓、熵、热容、自由能分别为 2.711kcal/mol、58.595cal/(mol·K)、8.796cal/(mol·K)、-14.759kcal/mol。

表 2-6 所示为三乙基铝分解过程中各物质的总能量及热力学性能，表 2-7 所示为三乙基铝分解反应的热力学性能。由表可知，在 298.15K 时，三乙基铝分解反应的 ΔH 为-20.21kcal/mol，ΔG 为-54.822kcal/mol，ΔS 为 cal/(mol·K)，焓变小于零，属于放热反应，与实验现象相符，熵变大于零，自由能变小于零，属于自发反应。

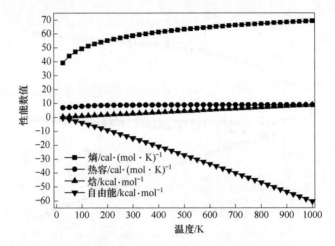

图 2-28 溴化钠分子的热力学性能随温度的变化关系（1cal=4.132J）

表 2-6 三乙基铝分解过程中各物质的总能量及 298.15K 时的热力学性能（1cal=4.132J）

物质	E/Har·at^{-1}	H/kcal·mol^{-1}	G/kcal·mol^{-1}
C_2H_4	-78.6243401	33.759	17.293
H_2	-1.2899789	8.367	-1.332

注：1Har·at^{-1}=627.5kcal/mol。

表 2-7 三乙基铝分解反应的热力学性能（1cal=4.132J）

ΔH/kcal·mol^{-1}	ΔG/kcal·mol^{-1}	ΔS/cal·(mol·K)$^{-1}$
-20.21	-54.822	116.08

表 2-8 所示为二乙基溴化铝分解过程中各物质的总能量及热力学性能，表 2-9 所示二乙基溴化铝分解反应的热力学性能。由表可知，在 298.15K 时，二乙基溴化铝分解反应的 ΔH 为 -15kcal/mol，ΔG 为 -47.36kcal/mol，ΔS 为 108.54 cal/(mol·K)，焓变小于零，属于放热反应，与实验现象相符；熵变大于零，自由能变小于零，属于自发反应。

表 2-8 二乙基溴化铝分解过程中各物质的总能量及 298.15K 时的热力学性能（1cal=4.132J）

物质	E/Har·at^{-1}	H/kcal·mol^{-1}	G/kcal·mol^{-1}
NaH	-166.08574	3.421	-10.078
NaBr	-506.9164686	2.711	-14.759

注：1Har·at^{-1}=627.5kcal/mol。

表 2-9 二乙基溴化铝分解反应的热力学性能（1cal=4.132J）

ΔH/kcal·mol^{-1}	ΔG/kcal·mol^{-1}	ΔS/cal·(mol·K)$^{-1}$
-15	-47.36	108.54

2.3 石墨烯表面镀铝化学还原反应动力学行为

2.3.1 模型与参数设定

使用基于密度泛函理论（DFT）的 CASTEP 程序。在密度泛函理论中，主要选取局域密度近似（LDA）和广义梯度近似（GGA）计算固体物质电子。LDA 提前假设了电子密度分布均匀，与实际不符；GGA 不仅考虑了电子密度的非局域化分布，而且引入了电子密度的变化梯度。所以对于本章中的模型，采用 GGA 计算吸附体系能量，结果更为准确。因此，在几何优化和计算过程中，广义梯度近似（GGA），平面波赝势方法和 PBESOL 泛函用于计算电子之间的交换相关电位。超软赝势（USPP）用于描述离子固体和价电子之间的相互作用，不考虑自旋极化。

首先在软件中建立单层石墨烯模型，如图 2-29 所示。石墨烯原胞由两个碳原子构成，空间群为 $P6mm$，晶格常数为 $a = b = 0.246$nm，$\gamma = 120°$，两个碳原子的分数坐标分别为（0.333，0.667，0）和（0.667，0.333，0）。为了保证石墨烯与 Al 原子有效作用，构建 4×4 的石墨烯超晶胞盒子，晶格参数为 0.984nm× 0.984nm×2.000nm。对于几何优化，Monkhorst-pack 网格布里渊 K 点取 6×6×1；能量收敛精度为 1×10^{-6}eV/atom，原子力收敛准则为 0.03eV，晶体内应力收敛标准 0.05GPa，原子最大位移运动收敛标准为 1.0×10^{-4}nm。优化后的石墨烯的晶格常数仍为 0.246nm，这与本文中使用的实验值（0.246nm）一致。

图 2-29 单层石墨烯模型

铝原子初始吸附高度均设置为 0.2nm，吸附高度定义为单个 Al 原子与石墨烯层之间垂直距离。界面模型的真空层设置为 0.20nm，防止其他层对模型的影响。运用 CASTEP 程序计算铝原子在石墨烯表面的吸附能。电子相互作用通过广义梯度近似（GGA）中的交换关联泛函 Perdew Burke Ernzerhof（PBE）表达。为了在足够计算精度的条件下保证计算效率，设置截断能为 310eV，K 点仍设置为 6×6×1，在布里渊区进行倒易空间积分。在进行吸附能计算之前对模型进行几何优化，达到最小化体系能量的目的，使模型更加切合实际。

2.3.2 吸附位与吸附能

吸附能越高，表面 Al 原子同石墨烯层之间的相互作用越强，石墨烯上每个吸附原子的吸附能量可以定义为：

$$E_a = E_{gra} + nE_m - E_{gra/m} \tag{2-26}$$

式中，E_{gra} 为石墨烯内在能量；E_m 为自由原子的能量；$E_{gra/m}$ 为吸附系统的能量；n 为吸附原子的数量。

为了确定 Al 原子在石墨烯表面的最佳吸附位，如图 2-30 所示，主要采取三个高度对称的吸附位点：位于六边形蜂窝晶格的中心 H，位于 C—C 键桥的中点 B，位于碳原子正上方 T，充分弛豫后计算三个体系的吸附能并测量吸附高度。

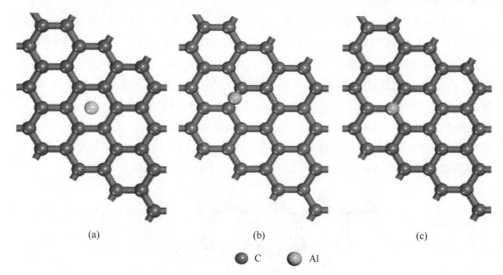

图 2-30 Al 原子吸附点位

（a）六边形蜂窝晶格中心 H；（b）C—C 键桥中点 B；（c）碳原子正上方 T

表 2-10 所列为不同吸附点位 Al 吸附石墨烯模型的吸附能。吸附在 H 位置时 Al 吸附能最大，吸附高度最小。在优化的过程中，观察到 H 点位 Al 原子水平位移为零，B 点位 Al 原子发生了轻微水平位移，而位于 T 吸附位 Al 原子水平位移最明显，并移动到了 H 点位附近。由于石墨烯沿六边形蜂窝晶格中心高度对称，扩散势垒倾向于从对称性低的地方向对称性高的地方转移。当 Al 原子位于 B 和 T 吸附位，吸附能较小，吸附高度较大；而位于 H 吸附位时，吸附能最大，吸附高度最小。因此，Al 原子在石墨烯表面的最佳吸附位为 H 点位，此时两者的相互作用最强。

表 2-10　Al 原子在不同吸附位的吸附参数

吸附位置	吸附高度/nm	吸附能/eV
H	0.267	1.51
B	0.291	1.36
T	0.279	1.31

2.3.3　吸附界面的动力学模拟

石墨烯与 Al 原子界面结合可以由界面原子的排列情况直观分析。运用分子动力学方法，模拟石墨烯与 Al 原子界面模型的原子排布情况及热稳定性：通过径向分布函数描述界面原子排布和结合强度，模拟不同温度下石墨烯/铝界面模型界面结构考察其热稳定性。选择平衡态分子动力学模拟，需要确定界面模型在何种系综下进行模拟。平衡态分子动力学模拟包括微正则系综（NVP）、正则系综（NVT）、等温等压系综（NPT）和等压等焓系综（NPH）等。其中等温等压系综（NPT）是系统原子数量（N）、压强（p）和温度（T）保持不变的系统，通过施加约束力或调节粒子速度实现温度的控制，通过调节系统的体积来调控系统压力值的守恒。

选用 Forcite 程序进行分子动力学计算，通过 Nose 恒温程序调整原子温度，Andersen 恒压程序调整模型压力。设置压力为 0.01GPa，每一步运算步长 1fs，总共模拟 5000 步模拟总用时 5ps。设置周期性边界条件可以确保模型中原子数量不变，选用 NPT 系综。

2.3.4　界面模型的建立

构建的单界面模型如图 2-31 所示。石墨烯模型如前所述（见图 2-29），晶格参数不再赘述；铝晶胞具有面心立方结构，空间群 $Fm\text{-}3m$，晶格参数为 $a=b=c=$ 0.40495nm，$\gamma=90°$；Al(111) 表面稳定性最好，可构成界面体系的优选表面。金属界面反应一般在 1~2 层原子之间发生，因此切割表面时保留了 4 层原子层。构建界面模型时，两种物质之间界面失配度应该尽量小，其中失配度由以下公式计算：

$$\zeta = 1 - \frac{2A}{A_{Gr} + A_{Al}} \tag{2-27}$$

式中，A 为两种物质重合界面面积，A_{Gr} 和 A_{Al} 分别为石墨烯和 Al 晶胞晶面层的面积。分别建立 5×5 石墨烯超胞与 4×4 Al 表面超胞，选取石墨烯晶格参数，获得 $a=b=1.23$nm，$\gamma=120°$ 的界面模型。Al/石墨烯单界面模型如图 2-31 所示，其中红、黑色球分别代表 Al 和 C 原子，均设定真空层为 2.0nm 以消除层间影响。

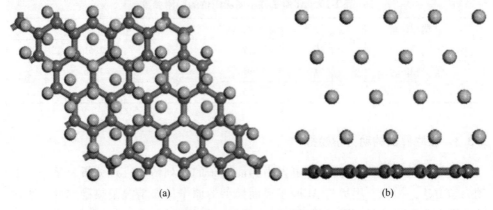

(a)   (b)

图 2-31　Al/Gr 单界面模型

(a) 顶视图；(b) 正视图

2.3.5　单界面模型径向分布函数

图 2-32 显示了 Al 原子与石墨烯层原子之间的径向分布函数。径向分布函数 $g(r)$ 为某粒子周围距离 r 范围内出现其他粒子的数量 g，因此可以通过分析该函数确定模型中原子间相互作用强度。采用 Forcite 程序计算几何优化后的 Al/Gr 界面模型径向分布函数，能够分析模型界面结合强度。原子间相互作用通常有化学键、氢键和范德华力，键能依次减弱，化学键的距离通常小于 0.26nm，氢键的距离通常在 0.26~0.31nm 范围内，强范德华作用的距离为 0.31~0.50nm，对于大于 0.50nm 的弱范德华力一般可忽略不考虑。

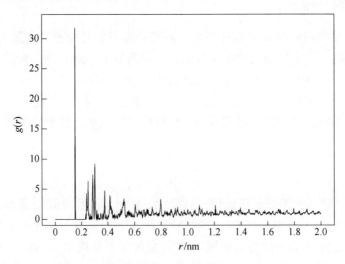

图 2-32　Al/石墨烯单界面模型的径向分布函数

如图 2-32 所示，可以看出石墨烯/Al 单界面模型的碳原子与 Al 原子之间存在化学键，相互作用力强。在 0~0.15nm 范围内，石墨烯/Al 模型几乎没有出现 Al 原子的可能。Al/石墨烯模型在 0.15nm 处出现最高峰，意味着在石墨烯层 0.15nm 附近出现 Al 原子的可能性最高，且极有可能出现 C—Al 化学键。此后，第二个高峰出现在 0.301nm 处，这附近均有其他原子出现；当 r 值大于 0.31nm，出现其他原子的概率大大减小，因此在 Al/石墨烯模型中化学键占主导作用。这表明，Al/石墨烯单界面模型中 Al 原子与石墨烯界面结合紧密。

2.3.6 单界面模型的热稳定性

模型的热稳定性能可由热膨胀系数进行表征，通常情况下，键强度高的材料对温度不敏感，因而膨胀系数低。在这里，主要分析热膨胀系数中的面膨胀系数，被定义为一定温度变量下模型面积的变量，由以下公式计算：

$$\zeta = 1 - \frac{2A}{A_{Gr} + A_{Al}} \tag{2-28}$$

式中，A 为两种物质重合界面面积；A_{Gr} 和 A_{Al} 分别为石墨烯和 Al 晶的晶面层的面积。

图 2-33 显示了 Al/石墨烯单界面模型界面面积随温度的变化曲线。可以看到单界面模型的界面面积与温度呈负相关。在 1600K 温度时，随着温度的升高，模型的界面面积不再收缩，仅在较小的范围内进行波动，达到一种平衡状态。

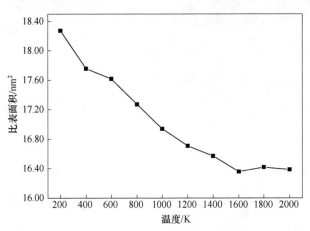

图 2-33 Al/石墨烯单界面模型界面面积随温度的变化曲线

根据公式（2-28）计算得到 300K 温度时 Al/石墨烯单界面模型面热膨胀系数为 $-3.1 \times 10^{-6} K^{-1}$，如表 2-11 所示，相较于石墨烯同样表现出了热收缩性，但绝对值有所减小，主要原因是在高温下石墨烯与铝形成较强的相互作用，界面间的化学键使得模型在高温下收缩量减小。因此可以得出结论，单侧镀铝石墨烯复合材料的热稳定性更好，在高温下性能优于石墨烯。

表 2-11 室温下石墨烯/Al 单界面模型及其组分的热膨胀系数 （K⁻¹）

材料	石墨烯	铝	石墨烯/铝
热膨胀系数（300K）	-3.5×10^{-6}[113]	1.8×10^{-5}[111]	-3.1×10^{-6}

由图 2-34 可知，随着温度的升高，Al 原子趋于无序，温度越高，铝原子越接近石墨烯六元环的中心，这与单个铝原子吸附模型得到的结果一致。可以看到，

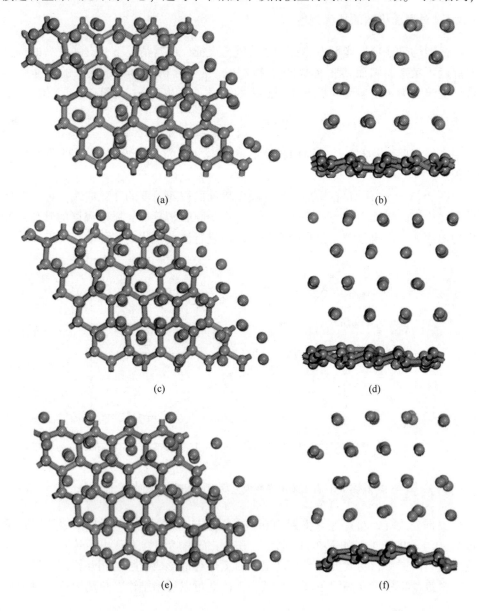

(a)

(b)

(c)

(d)

(e)

(f)

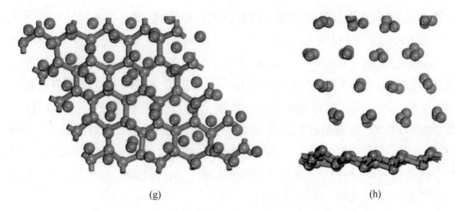

图 2-34 不同温度下 Al/石墨烯单界面模型原子分布

(a)(b) 400K；(c)(d) 800K；(e)(f) 1200K；(g)(h) 1600K

Al 原子与石墨烯之间的距离与温度呈正相关，温度越高，Al 原子越接近石墨烯层。经过测定，在 1200K 温度下，Al 原子与石墨烯层中 C 原子的距离最小。随后在高温的作用下，Al 原子与石墨烯层中 C 原子之间的距离反而增加，这可能是在此温度下，Al 原子达到了自身的熔点破坏了 C—Al 之间的化学键造成的。这表明随着温度的升高，Al 原子与石墨烯之间的界面强度会逐渐被削弱。

2.3.7 双界面模型径向分布函数

图 2-35 所示为铝吸附石墨烯的双界面模型（Al/石墨烯/Al）。这种体系应该同单界面模型同时存在于实际中。.

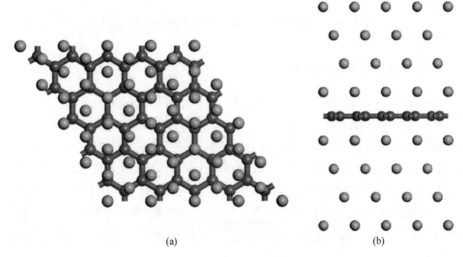

图 2-35 Al/石墨烯/Al 双界面模型

(a) 顶视图；(b) 正视图

图 2-36 所示为铝吸附石墨烯的双界面模型中 Al 原子与石墨烯层原子之间的径向分布函数,可以看出 Al/石墨烯/Al 界面模型的碳原子与 Al 原子存在化学键,界面结合紧密。在 0~0.15nm 范围内,Al/石墨烯/Al 模型几乎没有出现 Al 原子的可能。Al/石墨烯/Al 模型在 0.153nm 处出现最高峰,意味着石墨烯附近 0.153nm 处出现 Al 原子的概率最高,在该范围内极有可能出现 C—Al 化学键。此后,Al/石墨烯/Al 模型在第二个高峰出现在 0.292nm 处,这附近均有其他原子出现;当 r 值大于 0.31nm,出现其他原子的概率大大减小,表明在 Al/石墨烯模型中化学键占主导作用。因此可以得出结论,Al/石墨烯/Al 界面模型的 Al 与石墨烯层界面结合紧密,相互作用强。

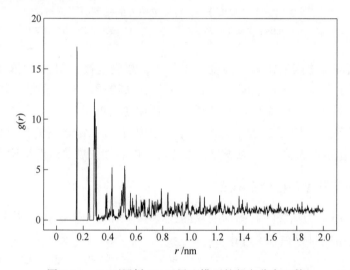

图 2-36 Al/石墨烯/Al 双界面模型的径向分布函数

2.3.8 双界面模型的热稳定性

图 2-37 显示了 Al/石墨烯/Al 双界面模型界面面积随温度的变化曲线。可以看到双界面模型的界面面积与温度呈正相关。在 1400K 温度时,模型的界面面积不再膨胀,仅在较小的范围内进行波动,达到一种平衡状态。

根据公式(2-28)计算得到 300K 下 Al/石墨烯/Al 双界面模型的热膨胀系数为 $1.3×10^{-5}K^{-1}$(见表 2-12),相较于铝同样表现出了热膨胀,但绝对值有所减小,主要原因是 Al 与石墨烯之间形成了 C—Al 化学键,提高了模型的热稳定性。因此可以得出结论,两侧镀铝的石墨烯复合材料的热稳定性更好,高温性能更加优异。

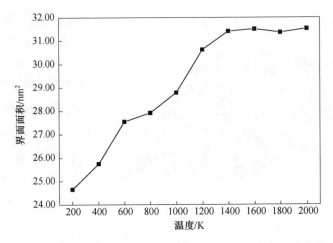

图 2-37 Al/石墨烯/Al 双界面模型界面面积随温度的变化曲线

表 2-12 室温下 Al/石墨烯/Al 双界面模型及其组分的热膨胀系数 （K⁻¹）

材料	石墨烯	Al	Al/石墨烯/Al
热膨胀系数（300K）	-3.5×10^{-6}	1.8×10^{-5}	1.3×10^{-5}

由图 2-38 可知，随着温度的升高，Al 原子趋于无序，温度越高，铝原子越接近石墨烯六元环的中心，这与单个铝原子吸附模型得到的结果一致。可以看到，Al 原子与石墨烯之间的距离与温度呈正相关，温度越高，Al 越接近石墨烯层。经过测定，在 1600K 温度下，Al 原子与石墨烯层中 C 原子的距离最小，但是铝元素的排布会变得杂乱无章，原因是此时温度达到铝的熔点，铝开始融化所致。当 Al 达到了自身熔点，会破坏 Al—C 之间的化学键，从而导致 Al 与石墨烯之间的界面强度逐渐被削弱。

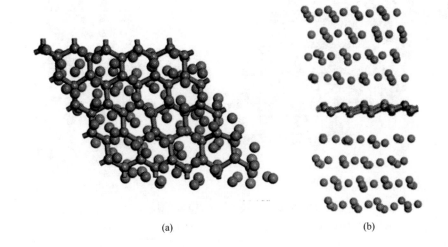

(a)   (b)

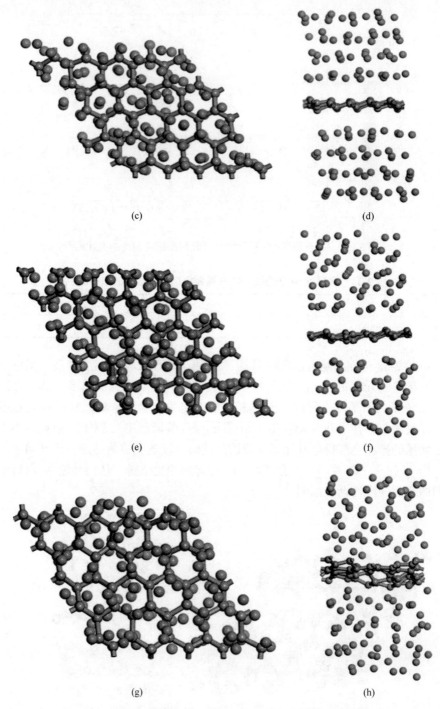

图 2-38　不同温度下 Al/石墨烯/Al 双界面模型原子结构图

(a) (b) 400K；(c) (d) 800K；(e) (f) 1200K；(g) (h) 1600K

3 镀铝石墨烯在铝基复合粉末中的分散规律

3.1 球料比对镀铝石墨烯分散性的影响规律

图 3-1 所示为不同球料比复合粉末的 SEM 形貌及 EDS 分析。当球料比为 4∶1 时，在铝合金颗粒表面散乱分布着少量的细小颗粒（见图 3-1（a）中箭头），结合 A、B 位置颗粒成分分析（见图 3-1（b））发现，细小颗粒的主要元素为 C、Al，表明细小颗粒为镀铝石墨烯颗粒。球磨过程中，镀铝石墨烯与铝合金粉末在球磨介质搅拌作用下逐渐混合均匀。当球料比较小时，球磨介质对粉末的冲击及剪切作用较小，粉末难以均匀混合。当球料比增加到 6∶1 时，球磨介质增加，对粉末的冲击及剪切力增强，镀铝石墨烯分散逐渐均匀，且铝合金表面的细小颗粒增加如图 3-1（c）所示。当球料比增加至 8∶1 时，铝合金颗粒表面的细小镀铝石墨烯颗粒增多，分布更为均匀（见图 3-1（e））。当球料比增加至 10∶1 时，因球磨介质数量过多，占据的有效空间较大，所以石墨烯难以均匀分散，且铝粉容易变形，如图 3-1（g）所示。可见，随球料比的增加，镀铝石墨烯逐渐分散均匀；当球料比过大时，不利于镀铝石墨烯的分散，因此最佳球料比为 8∶1。

(a)   (b)

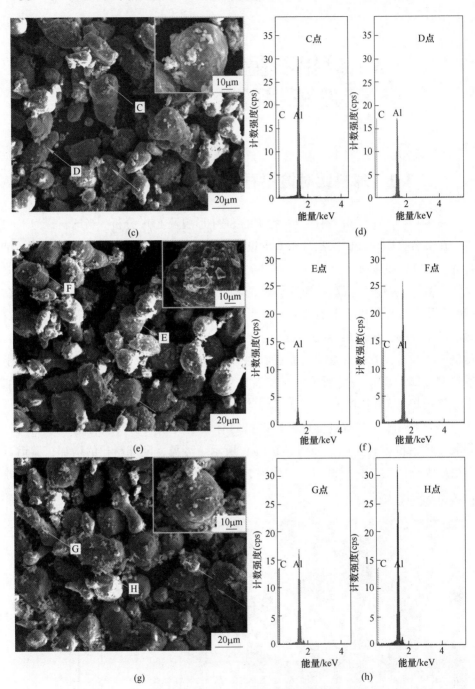

图 3-1　不同球料比的复合粉末的 SEM 形貌及 EDS 分析

（a）球料比为 4∶1 的复合粉末的 SEM 形貌；（b）A、B 两点成分分析；（c）球料比为 6∶1 的复合粉末的
SEM 形貌；（d）C、D 两点成分分析；（e）球料比为 8∶1 的复合粉末的 SEM 形貌；（f）E、F 两点成分
分析；（g）球料比为 10∶1 的复合粉末的 SEM 形貌；（h）G、H 两点成分分析

图 3-2 所示为球料比为 8∶1 的复合粉末的 SEM 形貌及面扫分析。可以看到,
铝合金颗粒表面黏附着细小的颗粒, 结合铝元素 (见图 3-2 (b)) 及碳元素 (见图
3-2 (c)) 的分布, 在图 3-2 (a) 中箭头所示的位置, 铝元素的含量较少, 碳元素
的含量较多, 表明该处为镀铝石墨烯颗粒, 且镀铝石墨烯颗粒分布较为均匀。

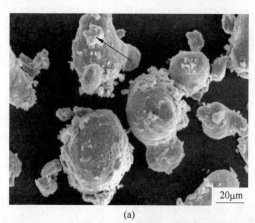

(a)

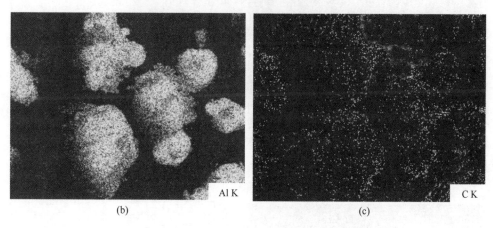

(b)   (c)

图 3-2 球料比为 8∶1 的复合粉末的 SEM 形貌及面扫分析
(a) 复合粉末的 SEM 形貌; (b) 铝元素的分布; (c) 碳元素的分布

3.2 球磨转速对石墨烯分散性的影响规律

图 3-3 所示为不同球磨转速制备的复合粉末的 SEM 形貌及 EDS 分析。转速
为 180r/min 时, 铝合金颗粒表面依附着少量的细小颗粒 (见图 3-3 (a) 中粗实
线箭头), 结合 A 位置颗粒的成分分析 (见图 3-3 (b)), 发现细小颗粒的主要元
素为 C、Al, 表明细小颗粒为镀铝石墨烯颗粒, 且铝合金颗粒表面的镀铝石墨烯
颗粒较少, 分布不均匀。在铝合金颗粒间存在大量的大尺寸颗粒 (见图 3-3 (a)

中虚线箭头），结合 B 位置大尺寸颗粒的成分分析（见图 3-3（b）），发现大尺寸颗粒主要元素为 C、Al，表明大尺寸颗粒为镀铝石墨烯，且大尺寸颗粒分布不均匀。当转速增加至 200r/min 时，球磨介质对粉末的冲击及剪切作用加强，镀铝石墨烯颗粒在球磨介质的作用下分散或依附在铝合金粉末中，如图 3-3（c）所示，铝合金颗粒间镀铝石墨烯分散均匀性有所改善，且铝合金表面镀铝石墨烯颗粒有所增加。当球磨转速逐渐增大时，球磨介质对粉末的冲击及剪切作用逐渐加强，粉末的分散效果增强。转速增加至 230r/min 时，铝合金表面的细小颗粒进一步增加，复合粉末中镀铝石墨烯分散较均匀，如图 3-3（e）所示。当转速增加至 250r/min 时，镀铝石墨烯较为均匀地分布在混合粉体中，但铝合金粉末出现变形（见图 3-3（g）），不利于粉末的 SLM 成形。综上所述，随着转速的增加，镀铝石墨烯分散逐渐均匀，当转速过大时，铝粉出现变形现象，因此，最佳转速为 230r/min。

图 3-4 所示为 230r/min 的复合粉末的 SEM 形貌及面扫分析。可以看到，铝

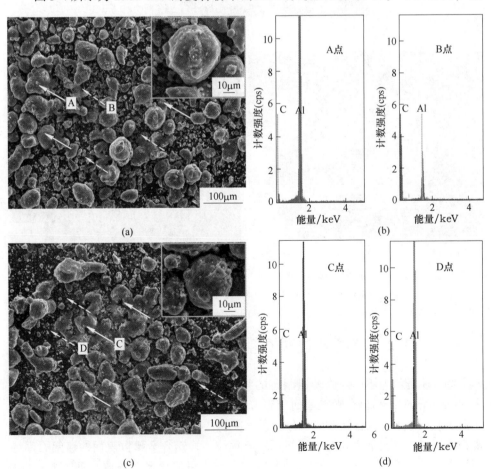

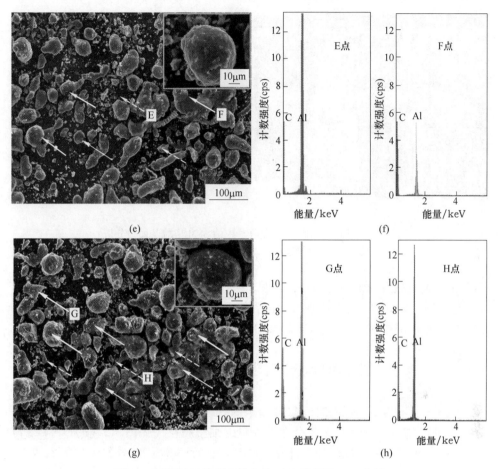

图 3-3　不同转速的复合粉末的 SEM 形貌及 EDS 分析

（a）转速为 180r/min 的复合粉末的 SEM 形貌；（b）A、B 两点成分分析；（c）转速为 200r/min 的复合
粉末的 SEM 形貌；（d）C、D 两点成分分析；（e）转速为 230r/min 的复合粉末的 SEM 形貌；（f）E、F
两点成分分析；（g）转速为 250r/min 的复合粉末的 SEM 形貌；（h）G、H 两点成分分析

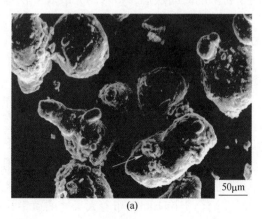

（a）

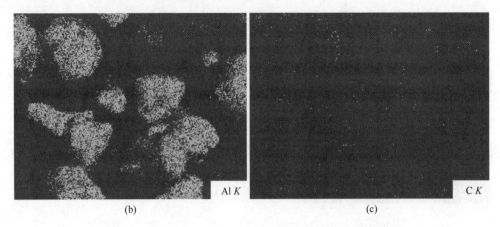

图 3-4 转速为 230r/min 复合粉末的 SEM 形貌及面扫分析
(a) 复合粉末 SEM 形貌；(b) 铝元素分布；(c) 碳元素分布

合金粉末表面黏附着细小的颗粒，如图 3-4（a）中箭头所示，结合面扫结果分析（见图 3-4（b）和（c）），箭头所指位置铝元素较少，碳元素较多，表明细小颗粒为镀铝石墨烯颗粒，且在铝合金颗粒间分布着镀铝石墨烯颗粒。

3.3 球磨时间对石墨烯分散性的影响规律

图 3-5 所示为不同球磨时间复合粉末的 SEM 形貌及 EDS 分析。当球磨时间为 0.3h 时，在铝合金表面散乱分布着少量的细小颗粒（见图 3-5（a）中实线箭头），结合 A 位置颗粒成分分析（见图 3-5（b）），发现细小颗粒主要元素为 C、Al，表明其为镀铝石墨烯。铝合金颗粒间存在着大量的大尺寸颗粒，且分布较不均匀（图 3-5（a）中虚线箭头），结合 B 位置颗粒的成分分析（见图 3-5（b）），发现大尺寸颗粒主要元素为 C、Al，表明其为镀铝石墨烯颗粒。可见，球磨时间较短，球磨介质作用于粉末的时间较短，粉末的分散效果较差。当球磨时间增加至 1h 时，铝合金表面黏附的镀铝石墨烯明显增多（见图 3-5（c）中粗实线箭头），且铝合金颗粒间的镀铝石墨烯趋向均匀分布。如图 3-5（f）~（g）所示，当球磨时间增加至 2h 和 3h 时，球磨介质作用于粉末的时间增加，镀铝石墨烯的分散效果增强，当球磨 3h 时，铝粉出现变形，如图 3-5（g）中细实箭头所示，不利于粉末的流动。综合考虑，选择球磨 2h 为最佳的球磨时间。因此最佳的球磨工艺为球料比 8：1，转速 230r/min，球磨时间 2h。

图 3-6 所示为采用最佳球磨工艺制备的复合粉末的 SEM 形貌及面扫分析。铝合金粉末表面黏附着一些小颗粒。对复合粉末表面进行面扫分析发现（见图 3-6（b）和（c）），小颗粒附着的位置铝元素含量较少，碳元素含量较多，表明小颗粒为镀铝石墨烯。同时在铝合金粉末间分布着大尺寸的镀铝石墨烯颗粒。由于石

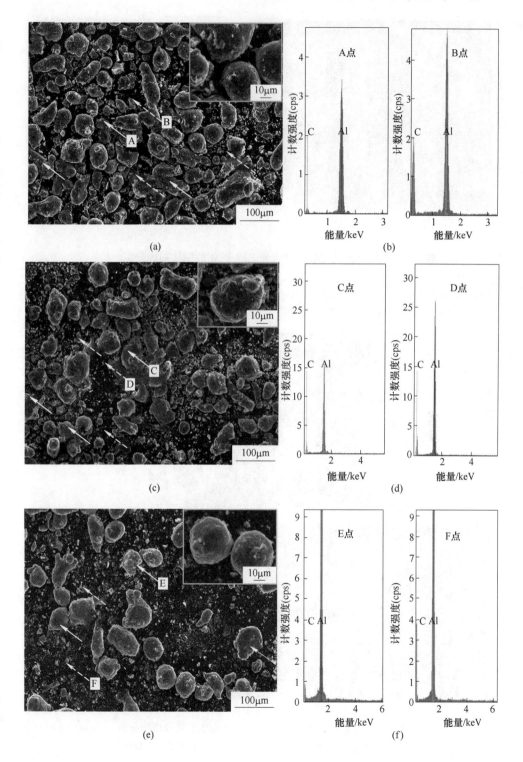

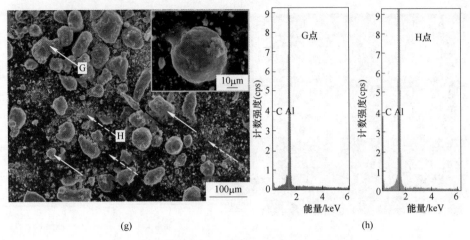

(g)　　　　　　　　　　　　　　　　　(h)

图 3-5　不同球磨时间复合粉末的 SEM 形貌及 EDS 分析

（a）球磨时间为 0.3h 的复合粉末的 SEM 形貌；（b）A、B 两点成分分析；（c）球磨时间为 1h 的复合粉末的 SEM 形貌；（d）C、D 两点成分分析；（e）球磨时间为 2h 的复合粉末的 SEM 形貌；（f）E、F 两点成分分析；（g）球磨时间为 3h 的复合粉末的 SEM 形貌；（h）G、H 两点成分分析

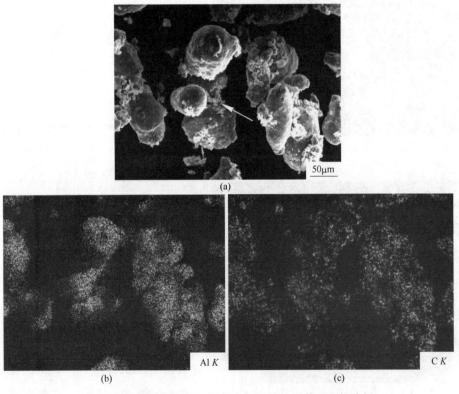

图 3-6　最佳工艺制备的复合粉末的 SEM 形貌及面扫分析

（a）复合粉末 SEM 形貌；（b）铝元素分布；（c）碳元素分布

墨烯片层较少，且石墨烯被铝包覆，部分区域未检测出碳元素。相对于基体而言，碳元素较为均匀地分布在铝合金粉末中，且没有明显的团聚现象，表明镀铝石墨烯较为均匀地分布在铝合金基体中。

4 选择性激光熔化成形石墨烯/铝基复合材料组织性能

4.1 选择性激光熔化成形石墨烯/铝基复合材料缺陷形成机制

4.1.1 石墨烯/铝基复合材料内部气孔

氢气孔形成的主要原因是 AlSi10Mg 粉末表面存在氧化膜。AlSi10Mg 粉末中 Al 元素的化学性质非常活泼,易与空气中的氧气发生反应,在粉末表面形成 Al_2O_3 薄膜,空气中的水分被 Al_2O_3 薄膜吸收,并以结晶水(如 $Al_2O_3 \cdot H_2O$ 和 $Al_2O_3 \cdot 3H_2O$)或者化合水(如 $Al(OH)_3$)的形式存在。

如果未对粉末进行烘干或烘干的时间短,AlSi10Mg 粉末表面的 Al_2O_3 薄膜内存在结晶水和化合水。SLM 成形过程中,结晶水和化合水受热分解释放出 H_2O, H_2O 在激光产生的高温下分解产生氢,

$$Al_2O_3 \cdot H_2O \longrightarrow Al_2O_3 + H_2O \tag{4-1}$$

$$H_2O(g) \longrightarrow H + HO \tag{4-2}$$

或与铝液发生反应生成氢:

$$Al(l) + 3/2H_2O(g) \longrightarrow 1/2Al_2O_3 + 3H \tag{4-3}$$

高温时,氢在铝熔池中的溶解度很高(50mL/100g),随着熔池温度降低,氢在铝熔池中的溶解度下降(0.7mL/100g),大量的氢析出,形成氢气泡。氢气泡若不能及时上浮逸出,在复合材料内部形成氢气孔。SLM 成形过程形成的熔池体积小,冷却速度高达 $10^3 \sim 10^6 ℃/s$,同时熔池内的枝晶交互生长,阻碍氢气泡的上浮逸出。上述现象不利于氢气泡的上浮逸出,氢气泡一旦形成就很难逸出。选用真空制粉工艺制备的 AlSi10Mg 粉末,成形前对粉末进行真空烘干处理,能有效减少氢气孔的产生概率。

石墨烯气孔与氢气孔之间的区别是,石墨烯气孔内有石墨烯团聚物,孔壁上存在明显的附着物,石墨烯气孔的尺寸较大。石墨烯气孔的形成原因是:石墨烯的表面能很高,气体极易附着在石墨烯表面,若石墨烯铝基复合粉末中存在石墨烯团聚,在成形过程中,工作舱内的保护气氩气与石墨烯团聚接触,附着在石墨烯团聚表面,附着在石墨烯团聚表面的氩气在激光产生的高温下急剧膨胀,形成气泡。由于成形过程冷却速度极快,形成的气泡很难及时上浮逸出,凝固后在复

合材料内形成石墨烯气孔。制备石墨烯均匀分散的石墨烯铝基复合粉末，能有效减少石墨烯气孔的出现概率。

4.1.2 石墨烯/铝基复合材料内部裂纹

图 4-1（a）所示为结晶裂纹的 SEM 形貌，裂纹形状曲折沿晶界展开。在裂纹开始处有半透明片状物，对其上 E 点进行 EDS 成分分析，结果显示 E 点的碳元素含量（摩尔分数）为 70.62%，可知半透明片状物为石墨烯。选择性激光熔化成形时，冷却速度极快，加入石墨烯会进一步加快冷却速度，使熔池内晶胞的尺寸变小，结晶组织的方向性强，所以石墨烯铝基复合材料在成形过程中易形成结晶裂纹。

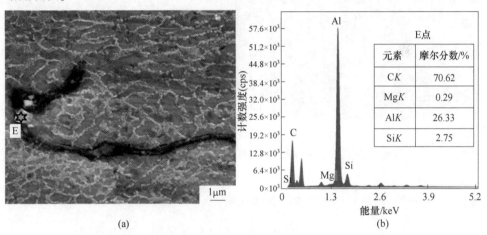

元素	摩尔分数/%
CK	70.62
MgK	0.29
AlK	26.33
SiK	2.75

（a）　　　　　　　　　　　　　（b）

图 4-1　结晶裂纹的 SEM 形貌（a）和 E 点处的 EDS 成分分析（b）

熔池冷却凝固过程，可以分为液固阶段（液相多）和固液阶段（固相多），在液固阶段，晶胞处于刚形核的阶段，晶胞的尺寸小不发生直接接触，熔融金属在晶胞间的空隙中自由流动，合金的塑性变形能力强。随着熔池内晶胞逐渐长大，长大的晶体骨架彼此接触，这时晶胞之间残存的熔融金属流动困难。一方面熔融金属减少，另一方面熔融金属的黏度增大，所以在固液阶段金属的塑性小。在上述过程中，低熔点的 Al-Si 共晶被排挤在晶界处形成"液态薄膜"。熔池冷却结晶过程中，熔池上表面与氩气接触，冷却速度快，熔池底部与已成形部分或粉末接触，冷却速度慢，熔池表面和熔池底部的冷却速度不同产生残余应力。残余应力造成的应变集中在"液态薄膜"上，形成结晶裂纹。选择性激光熔化成形过程中，进行激光重熔能减少复合材料中的残余应力，减少结晶裂纹的产生概率。

图 4-2（a）所示为液化裂纹 SEM 形貌图，在图中能明显地分辨出粗晶区、热影响区和细晶区，在热影响区存在液化裂纹。液化裂纹呈不规则的裂谷状，裂纹的内部有白色共晶 Si 颗粒。SLM 成形过程中，当激光进行第 $n+1$ 道扫描时，

第 n 道的 AlSi10Mg 已经凝固。激光进行第 $n+1$ 道扫描时产生的热量，对第 n 道已经凝固的 AlSi10Mg 造成影响，形成热影响区，如图 4-2（b）所示。若激光功率过高，会在已凝固的 AlSi10Mg 处形成高温，高温下已凝固 AlSi10Mg 中低熔点的共晶相被重新熔化，在残余应力的作用下形成液化裂纹。选择适当的激光功率能有效减少液化裂纹的发生概率。

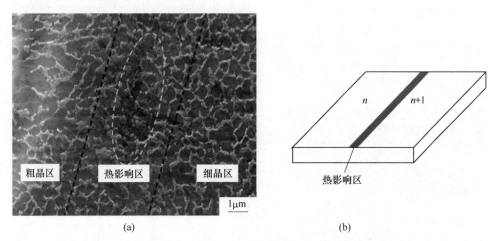

(a)   (b)

图 4-2   液化裂纹的 SEM 形貌（a）和热影响区形成示意图（b）

4.1.3   石墨烯/铝基复合材料内部其他缺陷

图 4-3 所示为激光功率为 300W 时制备的石墨烯/AlSi10Mg 复合材料，复合材料内部有不规则裂谷状缺陷，不规则裂谷状缺陷表面有亮白色物质，对图 4-3（a）所示区域进行 EDS 面扫成分分析，可知亮白色物质主要由 Al 元素和 O 元素组成，亮白色物质为 Al_2O_3。缺陷的内壁上附着有近球形的金属颗粒和粉末颗粒，分别为图 4-3（c）中箭头所指。

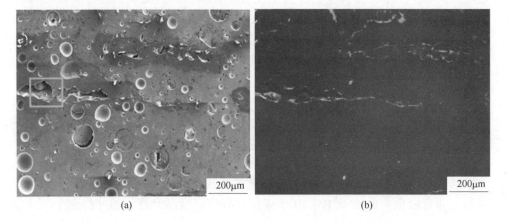

(a)   (b)

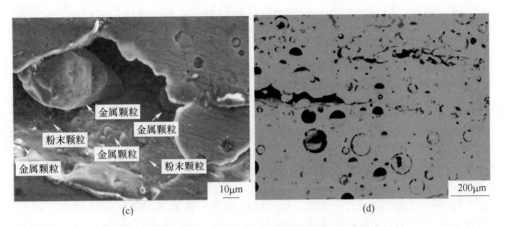

图 4-3 激光功率为 300W 制备的石墨烯/AlSi10Mg 复合材料

(a) 内部的裂谷状缺陷的 SEM 形貌；(b) 图 (a) 中的区域进行 EDS 面扫后的氧元素分布情况；
(c) 图 (a) 中局部区域的放大图；(d) 图 (a) 中的区域进行 EDS 面扫后的铝元素分布情况

裂谷状不规则缺陷的形成原因是激光功率过高，导致液相熔池的温度高，冷却速度变慢，不能及时凝固，液相熔池周围的 AlSi10Mg 粉末被吸附到液相熔池表面，当激光扫描到下一位置时，粉末的量不足，形成缺陷。同时，液相熔池的冷却速度慢会导致熔融金属液球化，凝固后在熔池的表面形成近球形颗粒。铝元素极易与氧元素发生反应，反应生成氧化铝，已凝固熔池表面的氧化铝与液相熔池之间的润湿性差，氧化铝与近球形颗粒会阻碍液相熔池的均匀铺展，促进了裂谷状不规则缺陷的形成。

图 4-4 所示为不规则孔洞，不规则孔洞处在多个熔池的交界处。不规则孔洞的形成原因是激光功率过低，导致液相熔池的温度低，凝固速度快，动态黏度

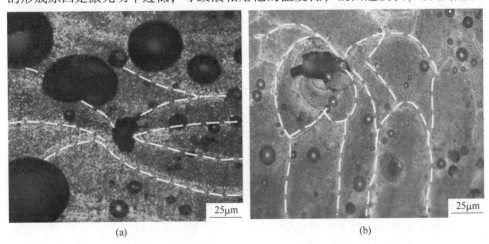

图 4-4 不规则孔洞的纵截面金相形貌 (a) 和不规则孔洞的横截面金相形貌 (b)

大，熔融态的金属液还没有均匀铺展就已经凝固。液相熔池的动态黏度与温度间的关系可以表示为：

$$\mu = \frac{16}{15}\sqrt{\psi\frac{m}{k_B T}}$$

(4-4)

式中，ψ 为液相表面张力；m 为原子质量；k_B 为常数；T 为熔池温度。可知液相熔池的动态黏度和温度成反比。

4.2 选择性激光熔化成形石墨烯/铝基复合材料组织

选择性激光熔化成形石墨烯/AlSi10Mg 复合材料及其内部组织如图 4-5 所示。当激光功率低于 300W，曝光时间少于 140μs 时，石墨烯/AlSi10Mg 复合材料表面存在大量孔隙，熔融轨迹不连续（见图 4-5（a）），从而降低了复合材料的力学性能。当激光功率为 300W，曝光时间为 140μs 时，复合材料内部没有明显缺陷（见图 4-5（b）），样品相对密度可达 98%。选择性激光熔化成形的 AlSi10Mg 合金内部存在细晶区和粗晶区，细晶区主要由等轴晶胞组成，粗晶区有大量树枝状晶胞。当石墨烯加入到 AlSi10Mg 合金中时，晶胞逐渐细化，粗晶胞数量减少，形成了大量细小球状晶胞（见图 4-5（c）和（d））。石墨烯/铝基复合材料选择性激光熔化成形过程中，由于激光的快速加热和冷却作用，熔池冷却速率可达 $10^4 \sim 10^5 K/s$，远远高于传统铸造过程中冷却速率，且温度梯度较高，从而促进了晶粒形核及细晶区的形成。在成形过程中，AlSi10Mg 粉末不断被熔化沉积到已凝固层，对已经凝固层细晶区重复加热，促进了晶粒的粗化。

AlSi10Mg 合金和石墨烯/AlSi10Mg 复合材料纵截面微观组织如图 4-6 所示，熔池内部存在大量柱状晶粒，熔池边界存在大量等轴晶。加入石墨烯后，AlSi10Mg 合金晶粒逐渐细化。石墨烯加入到 AlSi10Mg 合金中，可有效细化内部组织（见图 4-5），主要有以下原因：

（1）石墨烯表面镀铝层，可有效改善石墨烯与铝合金之间的润湿性，提高了形核率。

描述固-气、固-液、液-气界面张力与接触角之间的关系式，可由杨氏方程表示：

$$\cos\theta = \frac{\gamma_{SG} - \gamma_{SL}}{\gamma_{LG}}$$

(4-5)

式中，θ 为接触角；γ_{SG} 为固-气界面能；γ_{SL} 为固-液界面能；γ_{LG} 为液-气界面能。

接触角与黏附功的关系可通过 Young-Dupre 方程来表示：

$$\Delta W_{SLV} = \gamma_{LG}(1 + \cos\theta)$$

(4-6)

式中，ΔW_{SLV}是固-液单位面积黏附能，接触角越低，润湿性越好。室温下石墨烯表面自由能为$46.7mJ/m^2$。当石墨烯表面镀铝后，铝合金与石墨烯的接触角减小，润湿性增加。

图 4-5　SLM 制备的 Al 涂层石墨烯/AlSi10Mg 复合材料

（a）不同曝光时间（100μs）和激光功率（220W、240W）；（b）SLM 曝光时间 140μs 和激光功率 300W
制备的 Al 涂层石墨烯/AlSi10Mg 复合材料；（c）SLM 制备的 Al 涂层石墨烯/AlSi10Mg 复合材料微观结构
（横截面）；（d）SLM 制备的 AlSi10Mg 合金微观结构（横截面）

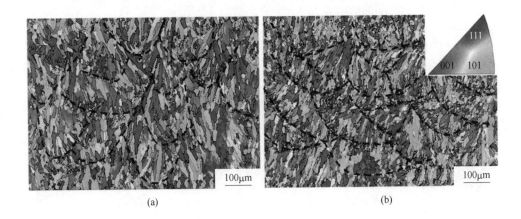

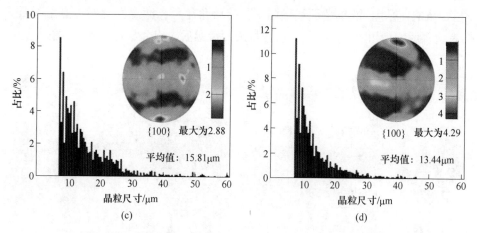

图 4-6 SLM 成形合金的 EBSD 反极图、晶粒大小分布图和极图

（a）（c）AlSi10Mg 合金；（b）（d）0.5%石墨烯/AlSi10Mg 复合材料（质量分数）

（2）熔池凝固过程中，晶粒形核长大受固–液界面温度梯度和冷却速率影响较大。冷却速率和温度梯度增加，利于细小晶胞的形成。石墨烯热导率较高，在凝固界面附近可有效提高合金的冷却速率，有利于细小晶胞的形成。同时，石墨烯在固液界面聚集，阻碍了溶质扩散，利于溶质均匀分布，形成细小晶胞，从而改善了复合材料的性能。

图 4-7 所示为选择性激光熔化成形的 AlSi10Mg 合金和石墨烯/AlSi10Mg 复合材料纵截面的晶界取向差分布图。根据相邻晶粒之间的取向差角，取向差小于 15° 的晶界定义为小角度晶界，取向差角度大于 15° 的晶界定义为大角度晶界。AlSi10Mg 合金和石墨烯/AlSi10Mg 复合材料的大角度晶界的比例分别为 74.2% 和 50.7%。石墨烯的添加降低了复合材料内部大角度晶界的比例，主要是由于石墨烯在合金内部钉扎为位错，抑制位错向小角度晶界移动，从而阻止了小角度晶界向大角度晶界的转变。由于石墨烯对位错的钉扎作用，提高了合金内部的位错密度，提高了合金内部的取向差及 KAM 值，如图 4-8 所示。

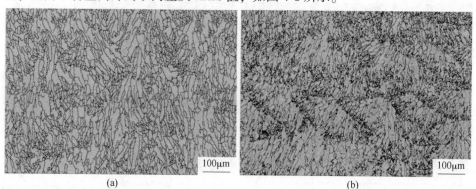

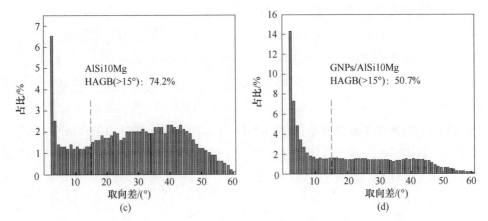

图 4-7 SLM 成形合金的 EBSD 晶界取向差分布图及 HAGBs 比例图

（a）（c）AlSi10Mg 合金；（b）（d）0.5%石墨烯/AlSi10Mg 复合材料（质量分数）

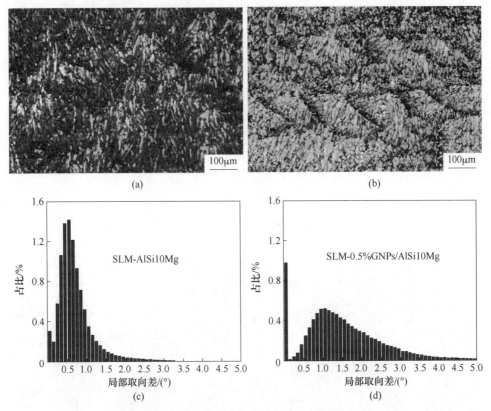

图 4-8 SLM 成形合金的局部取向差图和比例分布

（a）（c）AlSi10Mg 合金；（b）（d）0.5%石墨烯/AlSi10Mg 复合材料（质量分数）

选择性激光熔化成形石墨烯/AlSi10Mg 复合材料中主要由 α-Al、Si、C、Al$_4$C$_3$ 和 Mg$_2$Si 组成，如图 4-9 所示，共晶 Si 主要分布在 α-Al 晶界附近，在选择性激光熔化成形的石墨烯/AlSi10Mg 复合材料内部还存在细小粒子，对其进行 EDS 分析，主要含有 C 元素，因此可以确认该粒子为石墨烯（见图 4-10）。石墨烯和 Si 在基体内均匀分布（见图 4-5），Al$_4$C$_3$ 和 Mg$_2$Si 含量较少（见图 4-9）。石墨烯与铝基体的界面微观结构如图 4-11 所示，通过 XRD 和 HRTEM 分析，石墨烯与铝基体界面之间形成了纳米级 Al$_4$C$_3$ 相，Al$_4$C$_3$ 相的形成主要是由于铝与石墨烯在成形过程中发生了反应，如下：

$$\frac{x}{y}M + C \rightleftharpoons \frac{1}{y}M_xC_y \tag{4-7}$$

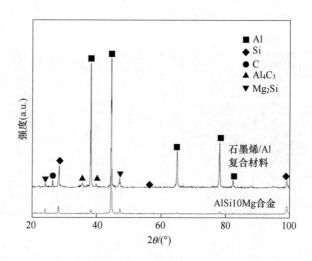

图 4-9 Al 涂层石墨烯增强 AlSi10Mg 纳米复合材料的 XRD 图

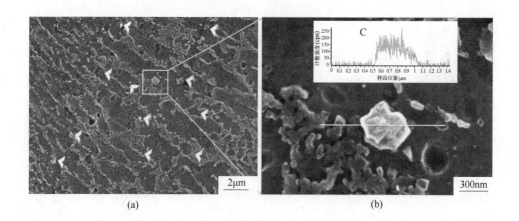

(a)   (b)

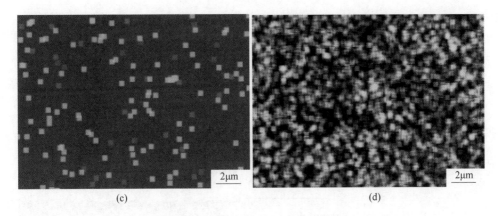

图 4-10 复合材料的 SEM 微观结构

（a）（b）Al 涂层石墨烯/AlSi10Mg；（c）（d）分别为 C 和 Al 涂层石墨烯的 Si 分布图

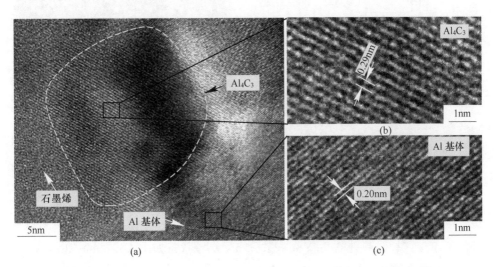

图 4-11 高分辨率 TEM 图像显示石墨烯与 AlSi10Mg 基体之间的界面微观结构

　　当反应温度达到 500℃时，铝与碳反应生成 Al_4C_3。石墨烯比表面积大，碳原子间的 σ 键有效提高了石墨烯稳定和力学性能。σ 键促进了碳化物的形成。石墨烯基面稳定，侧面接触对碳化物形成影响较小，σ 键利于石墨烯与铝基的接触，从而促进了 Al_4C_3 的形成。然而，Al_4C_3 较少。一定量的 Al_4C_3 可以改善石墨烯和 Al 的润湿性，从而提高复合材料的性能。石墨烯与基体界面位置没有明显的原子空位，如图 4-12 所示，界面应变能较低，界面较为稳定，在变形过程中不易形成微裂纹。

　　选择性激光熔化成形的石墨烯/铝基复合材料内部 Si 的形貌如图 4-13 所示。

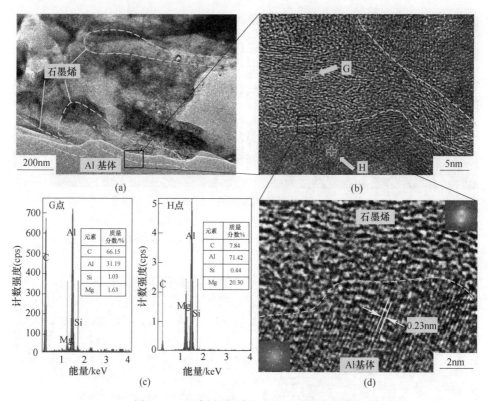

图 4-12 Al 涂层石墨烯/AlSi10Mg 复合材料

(a)（b）（d）高分辨率 TEM 显微组织；(c) G 点和 H 点的成分分析

AlSi10Mg 合金的晶界由连续分布的共晶 Si 组成，三个晶胞的交汇处，有大量的共晶 Si 汇集，形成富 Si 区，如图 4-13（a）所示。在石墨烯/铝基复合材料内部不存在富 Si 区，晶界处的共晶 Si 离散分布呈颗粒状，如图 4-13（b）所示。

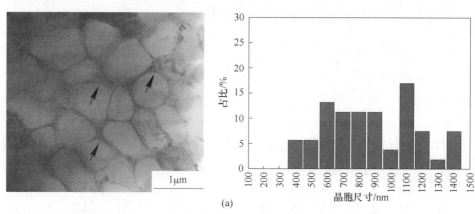

(a)

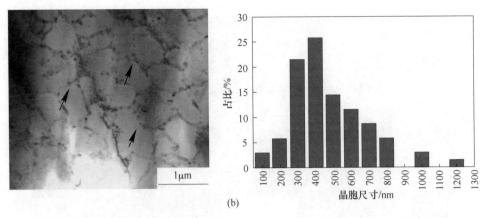

(b)

图4-13 AlSi10Mg合金（a）和AlSi10Mg-0.5%石墨烯复合材料（b）在XOY方向上的
TEM形貌及其晶胞尺寸统计

AlSi10Mg合金晶界处共晶Si为团聚状，石墨烯/铝基复合材料晶界处的共晶Si为离散状。两种材料的晶胞内部有黑色颗粒，AlSi10Mg合金晶胞内部颗粒尺寸较大，如图4-14（a）中矩形框，石墨烯/铝基复合材料晶胞内颗粒尺寸小弥散分布，图4-14（b）中矩形框。对晶胞内部区域进行成分分析，如图4-15所示，可知晶胞内黑色颗粒位置Si元素明显富集，如图4-15（b）所示，可以确认，晶胞内颗粒为共晶Si。

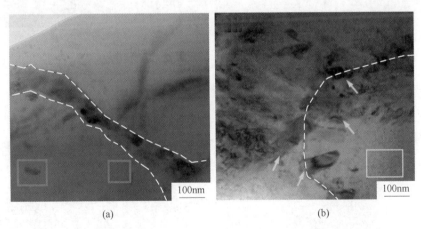

(a)　　　　　　　　　　　(b)

图4-14 AlSi10Mg合金（a）和AlSi10Mg-0.5%石墨烯复合材料（b）晶胞
边界处共晶Si的TEM形貌

从图4-16可以看出，石墨烯/AlSi10Mg复合材料内共晶Si呈现竹节棒状，共晶Si相互垂直或平行，共晶Si和铝基体之间位向关系为 $[020]_{Al} /\!/ [220]_{Si}$，$[200]_{Al} /\!/ [2\bar{2}0]_{Si}$。

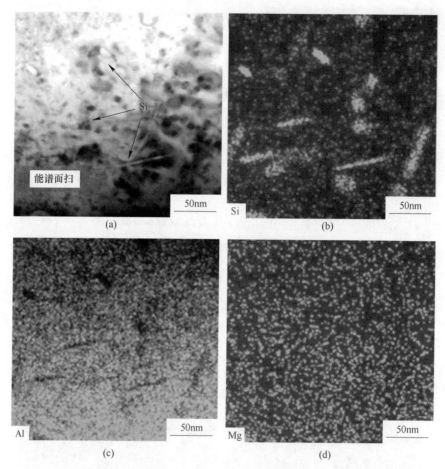

图 4-15   石墨烯/AlSi10Mg 复合材料形貌和元素分布

（a）晶胞内的 TEM 形貌；（b）Si 元素分布；（c）Al 元素分布；（d）Mg 元素分布

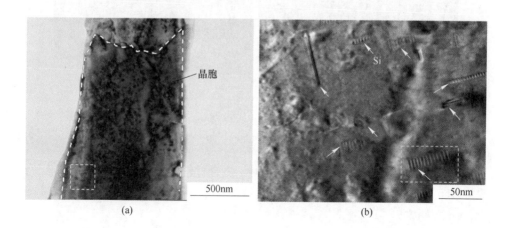

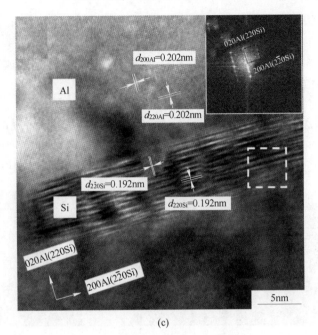

(c)

图 4-16 石墨烯/AlSi10Mg 复合材料形貌

（a）单个晶胞的 TEM 形貌；（b）晶胞内部共晶 Si 相的 TEM 形貌；（c）晶胞内部共晶 Si 沉淀的
高分辨形貌（右上角插图为图中白色框位置 FFT 结果）

AlSi10Mg 合金中晶胞内的共晶 Si 相的尺寸在 150~250nm 之间，石墨烯/
AlSi10Mg 复合材料内的共晶 Si 相的尺寸在 30~50nm 之间，在晶胞内弥散分布，
石墨烯的加入有效细化了共晶 Si 尺寸，如图 4-17 所示。石墨烯铝基复合材料内

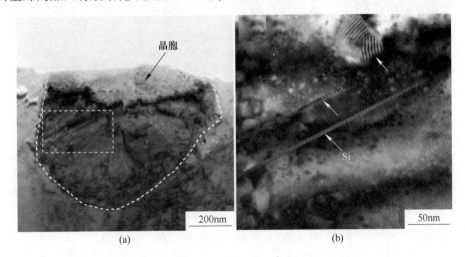

图 4-17 AlSi10Mg 合金

（a）单个晶胞的 TEM 形貌；（b）晶胞内部共晶 Si 沉淀的 TEM 形貌

共晶 Si 相显著细化且弥散分布的原因：加入石墨烯能增强复合材料的导热能力，提高复合材料的冷却速度，从而提高过冷度和共晶 Si 的形核速率，在晶胞内部形成了小尺寸弥散化分布的共晶 Si 相；石墨烯在凝固过程中造成离异共晶，形成了晶界处离散状的共晶 Si 颗粒。

4.3 石墨烯/铝基复合材料的变形行为

图 4-18 所示为 AlSi10Mg 合金和石墨烯/AlSi10Mg 复合材料压缩过程及压缩

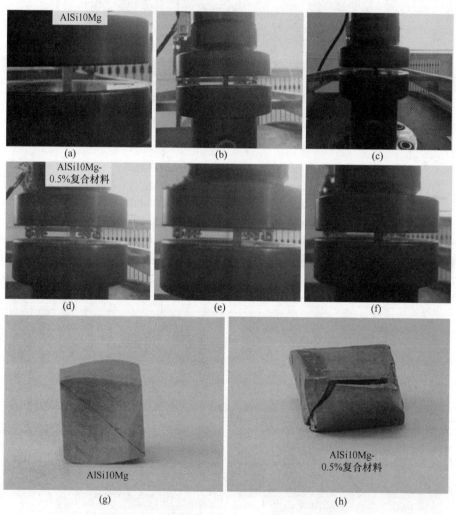

图 4-18 AlSi10Mg 合金和石墨烯/AlSi10Mg 复合材料

（a）～（c）AlSi10Mg 合金压缩过程；（d）～（f）石墨烯/AlSi10Mg 复合材料的压缩过程；
（g）AlSi10Mg 合金压缩后的宏观形貌；（h）石墨烯/AlSi10Mg 复合材料合金压缩后的宏观形貌

后的宏观形貌。由图可知，随着压缩实验的进行，立方体样品扭曲形变并被墩粗，在压缩过程的最后阶段，样品的高度明显变小，样品发生破裂。图 4-18（g）和（h）为两种材料压缩后的宏观形貌，棒状样品变形为鼓状，出现与轴线成45°夹角的断面，AlSi10Mg-0.5%石墨烯复合材料（质量分数）的变形量更大，高度更低。

图 4-19 所示为两种材料压缩过程的力-位移曲线，AlSi10Mg 合金的最大抗压强度为 19.76kN，石墨烯/AlSi10Mg 复合材料的最大抗压强度为 27.58kN，说明石墨烯能有效提高复合材料的最大抗压强度。

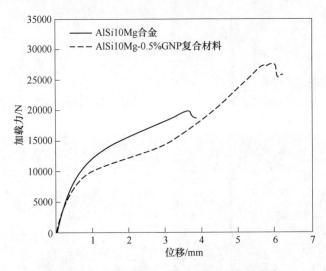

图 4-19　两种材料的压缩过程的力-位移曲线

图 4-20 所示为石墨烯/AlSi10Mg 复合材料样品压缩后断口处的 SEM 形貌，在图 4-20（a）中能观察到明显的纤维区和放射区，这是韧性断裂的典型特征。对图 4-20（a）中纤维区的局部进行放大，如图 4-20（b）所示，在图中有呈梭

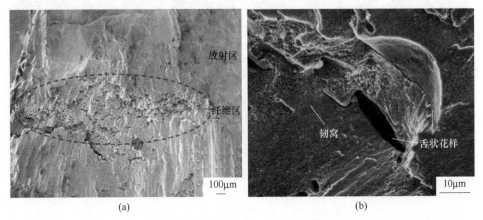

图 4-20　石墨烯/AlSi10Mg 复合材料压缩后断口处的 SEM 形貌（a）和局部放大图（b）

子形状的舌状花样，舌状花样是解理断裂的特征。综上所述，石墨烯/AlSi10Mg 复合材料在压缩过程中的断裂机制为以韧性断裂为主，混合有少量脆性断裂。

图 4-21 所示为压缩后石墨烯/AlSi10Mg 复合材料断口处韧窝的 SEM 形貌，以

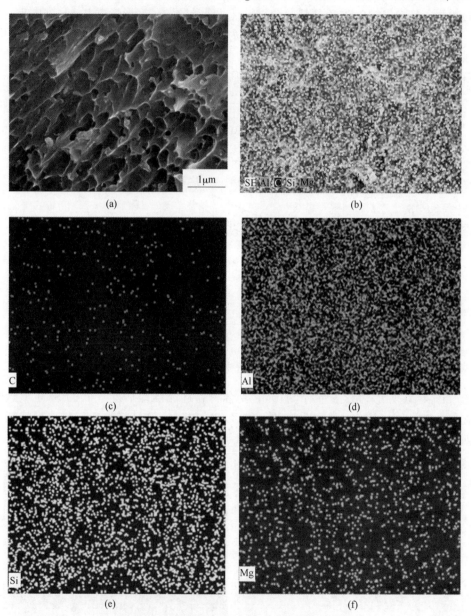

图 4-21 压缩后石墨烯/AlSi10Mg 复合材料

(a) 压缩后形成的韧窝的 SEM 形貌；(b) 图 (a) 区域进行 EDS 成分分析后的结果；(c) 碳元素分区；
(d) 铝元素分布；(e) 硅元素分布；(f) 镁元素分布

及韧窝处的 EDS 成分分析面扫结果。结果显示,铝、硅和镁三种元素均匀地分布在整个区域,碳元素明显沿韧窝边界分布,说明韧窝边缘处有石墨烯存在。

图 4-22 所示为压缩后石墨烯/AlSi10Mg 复合材料的 TEM 形貌,复合材料晶胞内的位错密度高,说明石墨烯/AlSi10Mg 复合材料晶胞内部的小尺寸弥散化分布的共晶 Si 相能高效钉扎位错。

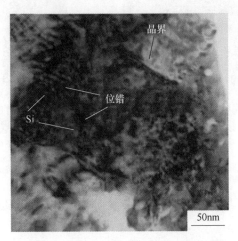

图 4-22　压缩后石墨烯/AlSi10Mg 复合材料内部 TEM 形貌

选择性激光熔化成形的石墨烯/AlSi10Mg 复合材料抗拉强度为 396MPa,伸长率为 6.2%,比 AlSi10Mg 合金(357MPa,5.5%)高 11% 和 13%,如图 4-23 所示。石墨烯/AlSi10Mg 复合材料的硬度 HV 为 169,比 AlSi10Mg 合金的硬度 HV (120)提高了 40.8%。石墨烯改善 AlSi10Mg 合金力学性能主要原因:(1)复合

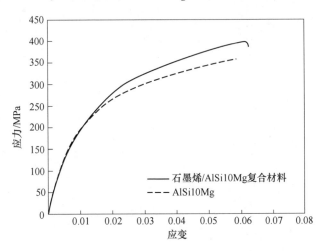

图 4-23　石墨烯/AlSi10Mg 复合材料应力应变曲线

材料晶胞尺寸较小，起到细晶强化的作用；（2）复合材料晶胞内纳米 Si 沉淀相的尺寸减小，弥散化分布，高效钉扎位错；（3）石墨烯与基体结合良好，能够有效钉扎位错（见图4-24），同时能够有效传递载荷，从而提高合金的综合力学性能。

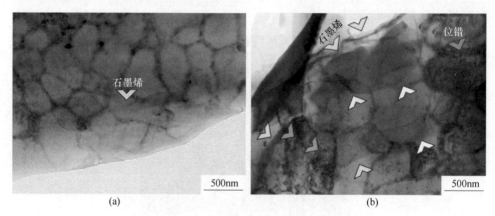

(a)   (b)

图 4-24　石墨烯/AlSi10Mg 复合材料的 TEM 微观结构

（a）变形前；（b）变形后

5 选择性激光熔化成形石墨烯/铝基复合材料界面结合机理

5.1 材料性能与错配度计算

基于第一性原理，对复合材料内部存在的 Al、Al$_4$C$_3$、Mg$_2$Si 三种物相进行了弹性模量的计算。材料的弹性模量和弹性异向性对不同材料的结合稳定性具有较大的影响，尤其在力学性能上，弹性常数相差小的两种材料在界面受力时，能够形成同步变形，减少界面开裂出现的概率。因此，采用模拟方法研究不同材料的界面结合强度时，有必要对各种材料的弹性模量进行研究。各向异性广泛存在于各种材料之中，为了直观地表达弹性模量的各向异性，常用三维图来表示材料在不同方向上的弹性模量特性。

5.1.1 Al（能带、态密度、弹性模量）

图 5-1 所示为铝的能带结构和态密度图，从能带结构图中可以看到铝的带隙为零，价带跨过费米面一直延伸到导带，这种情况比较容易发生价电子跃迁，说明铝具有较强的导电性。从态密度图可以看到，费米能级附近有较高的电子密度，进一步证明了铝具有导电性。

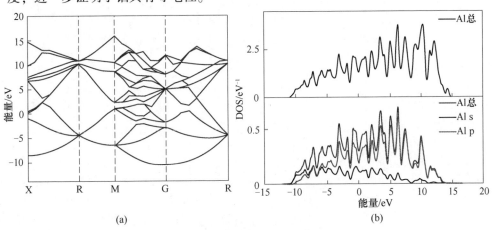

(a)   (b)

图 5-1 Al 的能带结构和态密度

（a）能带结构；（b）态密度

采用第一性原理计算得到铝的弹性常数见表 5-1，体模量反映的是材料的压缩性能，计算得到铝的体模量为 83.333GPa。体模量和剪切模量的比值 K/G 通常用来衡量材料的韧性，一般情况下，脆性材料的 K/G 值小于 1.75，而金属材料的 K/G 值大于 1.75，铝的 K/G 值为 3.48，说明铝的韧性比较好。计算得到的铝的杨氏模量为 65.498GPa，泊松比为 0.369。

表 5-1 Al 的弹性模量

参数	体模量 K/GPa	剪切模量 G/GPa	杨氏模量 E/GPa	泊松比 ν
数值	83.333	23.922	65.498	0.369

铝的弹性各向异性特征采用三维图和二维投影图来表示，材料的各向异性程度越大，对应的三维图示球形度越差，根据三维和二维图示可以直接表示出材料的各向异性特征。图 5-2~图 5-5 所示为铝的杨氏模量、线性压缩性、剪切模量、泊松比的各向异性图示，表 5-2 中数据为四种弹性常数对应的各向异性值。如图 5-2 所示，铝的杨氏模量具有明显的各向异性特征，各向异性指数为 1.944，杨氏模量的最大值为 85.106GPa，最小值为 43.785GPa。图 5-3 中铝的线性压缩性

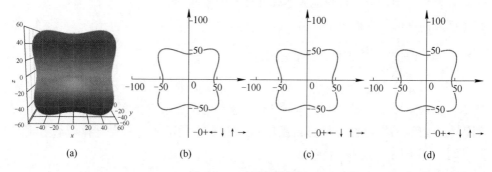

(a)   (b)   (c)   (d)

图 5-2 Al 的杨氏模量

（a）三维图形；（b）xy 方向投影；（c）xz 方向投影；（d）yz 方向投影

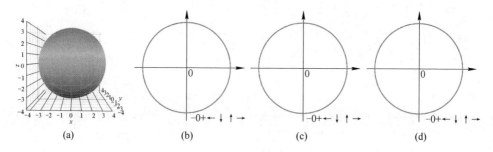

(a)   (b)   (c)   (d)

图 5-3 Al 的线性压缩性

（a）三维图形；（b）xy 方向投影；（c）xz 方向投影；（d）yz 方向投影

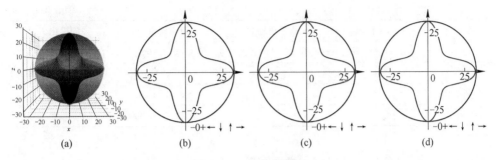

图 5-4 Al 的剪切模量

（a）三维图形；（b）*xy* 方向投影；（c）*xz* 方向投影；（d）*yz* 方向投影

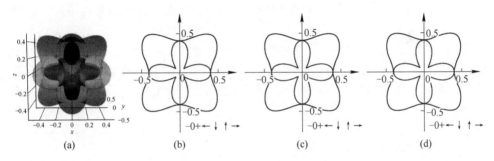

图 5-5 Al 的泊松比

（a）三维图形；（b）*xy* 方向投影；（c）*xz* 方向投影；（d）*yz* 方向投影

的三维示意图几乎是规则的球形，而且其 *xy* 方向投影、*xz* 方向投影、*yz* 方向投影也呈现规则的圆形，表 5-2 中给出铝的线性压缩性的各向异性指数为 1.0000，说明铝的线性压缩性具有各向同性特征。根据图 5-4 和图 5-5 所示，铝的剪切模量为 23.922GPa，泊松比为 0.369，而且都具有各向异性特征。综上所述，采用第一性原理计算得到结论，铝是一种具有较强各向异性特征的材料。

表 5-2 Al 弹性模量的各向异性参数

参数	杨氏模量		线性压缩性		剪切模量		泊松比	
	E_{min}	E_{max}	β_{min}	β_{max}	G_{min}	G_{max}	ν_{min}	ν_{max}
数值	43.785GPa	85.106GPa	4TPa^{-1}	4TPa^{-1}	15.5GPa	32GPa	0.075941	0.64862
各向异性	1.944		1.0000		2.065		8.5411	
轴	1.0000	-0.5774	0.0000	0.0000	0.7071	0.0000	0.7071	0.0000
	0.0000	0.5774	0.0000	0.0000	0.0001	0.0000	-0.0002	0.7071
	0.0000	-0.5773	1.0000	1.0000	-0.7071	1.0000	0.7071	0.7071

参数	杨氏模量		线性压缩性		剪切模量		泊松比	
	E_{min}	E_{max}	β_{min}	β_{max}	G_{min}	G_{max}	ν_{min}	ν_{max}
第二轴					-0.7071	0.7660	0.7071	-1.0000
					-0.0002	0.6428	-0.0006	0.0000
					-0.7071	-0.0000	-0.7071	0.0000

5.1.2 Al$_4$C$_3$（能带、态密度、弹性模量）

图 5-6 所示为采用第一性原理计算得出的 Al$_4$C$_3$ 的能带结构和态密度。根据图 5-6（a）可知，Al$_4$C$_3$ 的能带结构的导带与价带之间存在着较宽的带隙，计算得出禁带宽度为 1.167eV，这说明 Al$_4$C$_3$ 具有半导体特性。根据图 5-6（b）中态密度曲线所示，在费米能级附近有电荷密度，这也表明 Al$_4$C$_3$ 具有一定的导电性，根据铝原子和碳原子的态密度曲线，可以看到两种原子的电子轨道之间存在着重叠现象，说明铝原子和碳原子之间存在较强的相互作用，形成了共价键，表明 Al$_4$C$_3$ 具有较好的稳定性。

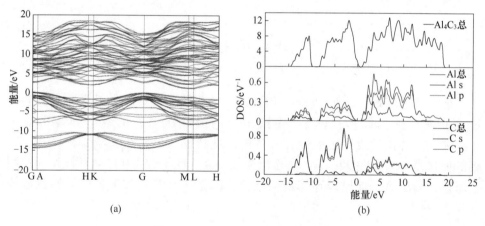

(a)　　　　　　　　　　　(b)

图 5-6　Al$_4$C$_3$ 的能带结构和态密度

（a）能带结构；（b）态密度

采用第一性原理计算得到 Al$_4$C$_3$ 的弹性常数见表 5-3，计算得到 Al$_4$C$_3$ 的体模量为 143.33GPa。体模量和剪切模量的比值 K/G 为 1.13，说明 Al$_4$C$_3$ 是一种脆性材料。计算得到的 Al$_4$C$_3$ 的杨氏模量为 294.15GPa，泊松比为 0.15797。

表 5-3　Al$_4$C$_3$ 的弹性常数

参数	体模量 K/GPa	剪切模量 G/GPa	杨氏模量 E/GPa	泊松比 ν
数值	143.33	127.01	294.15	0.15797

图 5-7~图 5-10 所示为 Al_4C_3 的杨氏模量、线性压缩性、剪切模量、泊松比的各向异性图示，表 5-4 中数据为四种弹性常数对应的各向异性值。根据表 5-4 中数据所示，Al_4C_3 的杨氏模量最大值为 349.28GPa，最小值为 261.98GPa，其各向异性指数为 1.333，说明 Al_4C_3 的杨氏模量具有一定的各向异性特征。图 5-8 所示的 Al_4C_3 的线性压缩性的三维和二维图示都呈现出较为规则的形状，根据表 5-4 中线性可压缩性的各向异性指数（1.0029），可以发现 Al_4C_3 的线性可压缩性

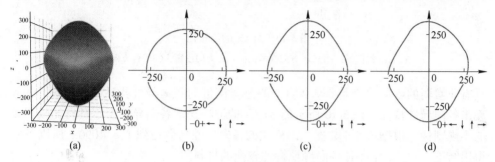

图 5-7 Al_4C_3 的杨氏模量

（a）三维图形；（b）*xy* 方向投影；（c）*xz* 方向投影；（d）*yz* 方向投影

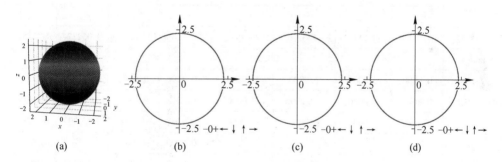

图 5-8 Al_4C_3 的线性压缩性

（a）三维图形；（b）*xy* 方向投影；（c）*xz* 方向投影；（d）*yz* 方向投影

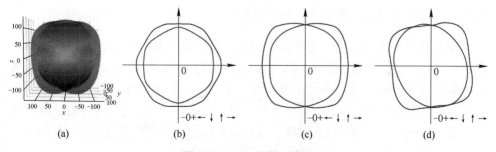

图 5-9 Al_4C_3 的剪切模量

（a）三维图形；（b）*xy* 方向投影；（c）*xz* 方向投影；（d）*yz* 方向投影

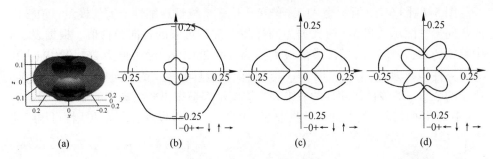

图 5-10　Al_4C_3 的泊松比

(a) 三维图形；(b) xy 方向投影；(c) xz 方向投影；(d) yz 方向投影

具有非常弱的各向异性特征。Al_4C_3 的剪切模量的各向异性指数为 1.368，也呈现出各向异性特征。图 5-10 所示的 Al_4C_3 的泊松比的各向异性图示具有比较明显的不规则性，根据表 5-4 数据，泊松比的各向异性指数达到了 4.4090。所以可以得出结论，Al_4C_3 是一种各向异性特性较强的材料。

表 5-4　Al_4C_3 弹性模量的各向异性参数

参数	杨氏模量		线性压缩性		剪切模量		泊松比	
	E_{min}	E_{max}	β_{min}	β_{max}	G_{min}	G_{max}	ν_{min}	ν_{max}
数值	261.98GPa	349.28GPa	2.3233TPa^{-1}	2.3301TPa^{-1}	107.5GPa	147.05GPa	0.062274	0.27457
各向异性	1.333		1.0029		1.368		4.4090	
轴	0.0000	0.0000	1.0000	0.0000	-0.7296	0.5262	-0.5000	1.0000
	0.8674	0.0000	-0.0000	0.0000	0.4213	0.3043	0.8660	0.0005
	-0.4976	1.0000	0.0000	1.0000	-0.5387	-0.7941	-0.0000	0.0001
第二轴					-0.5000	-0.6876	-0.2207	-0.0004
					-0.8660	-0.3971	-0.1274	0.9670
					0.0000	-0.6078	0.9670	-0.2549

5.1.3　Mg_2Si（能带、态密度、弹性模量）

图 5-11 所示为 Mg_2Si 的能带结构和态密度图像。图 5-11 (a) 所示为 Mg_2Si 的能带结构，可以看到价带最大值为 0eV，导带最小值为 0.229eV，禁带宽度为 0.229eV，表明 Mg_2Si 是一种半导体。图 5-11 (b) 所示为 Mg_2Si 的态密度图像，可以看到在费米能级附近存在电荷密度，证明 Mg_2Si 具有一定的导电性，根据图中镁原子和硅原子的电荷轨道图像，可以看到他们之间存在较强的相互作用，在 Mg_2Si 内部形成了 Mg—Si 共价键，增强了结构的稳定性。

采用第一性原理计算得到 Mg_2Si 的弹性常数见表 5-5，计算得到 Mg_2Si 的体

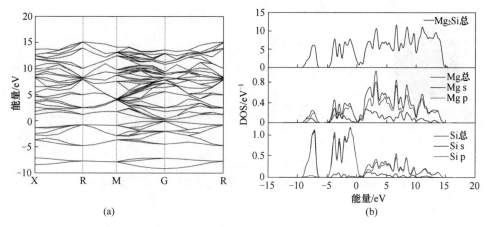

(a)   (b)

图 5-11　Mg_2Si 的能带结构和态密度

（a）能带结构；（b）态密度

模量为 49.285GPa。体模量和剪切模量的比值 K/G 为 1.24，说明 Mg_2Si 是一种脆性材料。计算得到的 Mg_2Si 的杨氏模量为 94.085GPa，泊松比为 0.18184。

表 5-5　Mg_2Si 的弹性常数

体模量 K/GPa	剪切模量 G/GPa	杨氏模量 E/GPa	泊松比 ν
49.285	39.804	94.085	0.18184

图 5-12~图 5-15 所示为 Mg_2Si 的杨氏模量、线性压缩性、剪切模量、泊松比的各向异性图示，表 5-6 中数据为四种弹性常数对应的各向异性值。比较四个弹性常数的各向异性指数后发现，Mg_2Si 没有表现出较强的各向异性特征，其中线性压缩性的各向异性指数为 1.0000，说明 Mg_2Si 的线性压缩性不具有方向性，为各向同性。Mg_2Si 的杨氏模量最大值为 98.754GPa，最小值为 87.39GPa，其各向

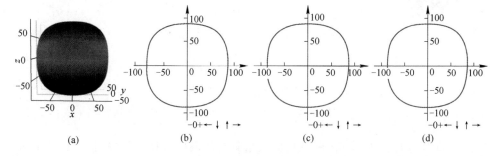

(a)   (b)   (c)   (d)

图 5-12　Mg_2Si 的杨氏模量

（a）三维图形；（b）xy 方向投影；（c）xz 方向投影；（d）yz 方向投影

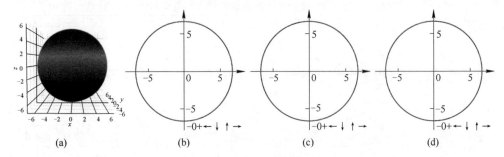

图 5-13　Mg$_2$Si 的线性压缩性

（a）三维图形；（b）xy 方向投影；（c）xz 方向投影；（d）yz 方向投影

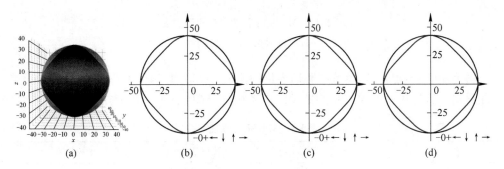

图 5-14　Mg$_2$Si 的剪切模量

（a）三维图形；（b）xy 方向投影；（c）xz 方向投影；（d）yz 方向投影

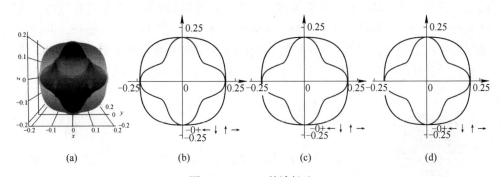

图 5-15　Mg$_2$Si 的泊松比

（a）三维图形；（b）xy 方向投影；（c）xz 方向投影；（d）yz 方向投影

异性指数为 1.13，说明 Mg$_2$Si 的杨氏模量具有较弱的各向异性特征。Mg$_2$Si 的剪切模量和泊松比的各向异性图示也表现出较弱的不规则性。所以可以得出结论，Mg$_2$Si 是一种各向异性特性较弱的材料。

表 5-6　Mg$_2$Si 弹性模量的各向异性参数

参数	杨氏模量		线性压缩性		剪切模量		泊松比	
	E_{min}	E_{max}	β_{min}	β_{max}	G_{min}	G_{max}	ν_{min}	ν_{max}
数值	87.39GPa	98.754GPa	6.7634TPa^{-1}	6.7634TPa^{-1}	36.278GPa	42.346GPa	0.12933	0.22379
各向异性	1.13		1.0000		1.167		1.7304	
轴	0.0000	0.5774	0.3536	0.7934	0.7071	0.0000	0.7071	0.7071
	0.0000	0.5774	0.8536	0.0000	0.0001	0.0000	-0.0002	-0.0000
	1.0000	0.5773	0.3827	-0.6088	-0.7071	1.0000	0.7071	0.7071
第二轴					-0.7071	0.7660	0.7071	0.0000
					-0.0002	0.6428	-0.0006	1.0000
					-0.7071	-0.0000	-0.7071	0.0000

5.1.4　不同材料的界面匹配计算

本节内容主要为基于 Bramfitt 二维点阵错配度模型对不同界面的点阵错配度计算。在建立不同材料的界面结构模型前，需要对将要匹配的两种材料进行晶面、晶向和匹配方向的计算，以此作为建立界面模型的参考。根据研究方案，本次计算的不同材料界面匹配有三种：Al$_4$C$_3$/Al、石墨烯/Al、石墨烯/Mg$_2$Si。首先，提出可能存在的界面匹配方式，给出界面匹配模型和匹配参数，然后根据 Bramfitt 二维点阵错配度模型，对 Al$_4$C$_3$/Al 界面、石墨烯/Al 界面和石墨烯/Mg$_2$Si 界面进行界面匹配度计算。

Bramfitt 二维点阵错配度模型的计算公式为：

$$\delta_{(hkl)_n}^{(hkl)_s} = \sum_{i=1}^{3} \frac{\dfrac{\left| d_{[uvw]_s^i}\cos\theta - d_{[uvw]_n^i} \right|}{d_{[uvw]_n^i}}}{3} \times 100\% \tag{5-1}$$

式中，$(hkl)_s$ 是基底的低指数晶面；$[uvw]_s$ 是 $(hkl)_s$ 晶面上的低指数晶向；$(hkl)_n$ 是形核相的低指数晶面；$[uvw]_n$ 是 $(hkl)_n$ 晶面上的低指数晶向；$d_{[uvw]_s}$ 和 $d_{[uvw]_n}$ 分别为沿 $[uvw]_s$、$[uvw]_n$ 晶向的点阵间距；θ 为 $[uvw]_s$、$[uvw]_n$ 之间的夹角。

二维点阵错配度理论认为 δ 小于 6% 的核心为有效形核核心，可实现界面两侧原子之间一一对应，这种界面被称为完全共格界面；$\delta = 6\% \sim 15\%$ 的核心为中等有效形核核心，可能形成半共格界面；δ 大于 15% 时，界面类型属于非共格界面，不能作为形核物质的异质形核基底。

图 5-16 所示为 Al$_4$C$_3$/Al 界面的三种位向结合关系，根据图示可以清楚地看到不同匹配取向下 Al$_4$C$_3$ 和 Al 之间的原子排列差异。表 5-7 所示为图 5-16 中

Al_4C_3/Al 在三种匹配取向下的晶面指数、晶向指数、偏移角和点阵错配度的结果。可以看到铝以(011) 晶面和 Al_4C_3 的(0001) 晶面结合时，两者之间的原子排列差异最大，点阵错配度达到了 30.864%，说明这种匹配取向不利于铝以 Al_4C_3 为基底形核。对于 $(0001)_{Al_4C_3}/(001)_{Al}$ 取向，计算得到点阵错配度为 24.351%，点阵错配度同样较大，不利于形成稳定界面。$(0001)_{Al_4C_3}/(111)_{Al}$ 匹配取向下的点阵错配度为 16.346%，是三种取向中错配度最小的结合方式，根据 Bramfitt 理论对界面匹配度的判定，可以推测 $(0001)_{Al_4C_3}/(111)_{Al}$ 取向下，Al_4C_3 与 Al 之间可能会形成半共格界面。

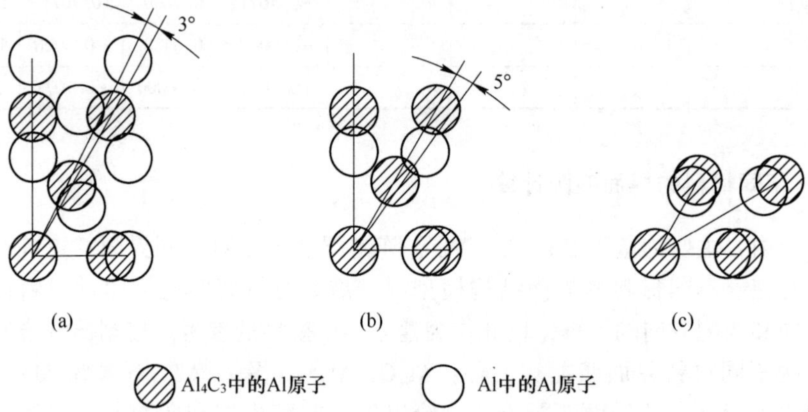
3°
5°
(a)
(b)
(c)
Al4C3中的Al原子
Al中的Al原子

图 5-16 Al_4C_3/Al 可能匹配晶面的位向关系

(a) $Al_4C_3(001)/Al(001)$；(b) $Al_4C_3(001)/Al(011)$；(c) $Al_4C_3(001)/Al(111)$

表 5-7 Al_4C_3/Al 可能匹配位向关系上的匹配参数

晶面	$(0001)_{Al_4C_3}/(001)_{Al}$			$(0001)_{Al_4C_3}/(011)_{Al}$			$(0001)_{Al_4C_3}/(111)_{Al}$		
$[uvtw]_{Al_4C_3}$	$[\bar{1}2\bar{1}0]$	$[\bar{3}030]$	$[\bar{4}220]$	$[\bar{1}2\bar{1}0]$	$[\bar{3}030]$	$[\bar{4}220]$	$[\bar{1}\bar{2}20]$	$[\bar{1}2\bar{1}0]$	$[\bar{2}110]$
$[uvw]_{Al}$	[001]	[020]	[021]	$[0\bar{1}1]$	[100]	$[1\bar{1}1]$	$[\bar{1}10]$	$[\bar{1}01]$	$[\bar{2}11]$
$d_{[uvtw]_{Al_4C_3}}$/nm	0.3331	0.5769	0.6662	0.3331	0.5769	0.6662	0.3331	0.3331	0.3331
$d_{[uvw]_{Al}}$/nm	0.4050	0.8099	0.9055	0.2863	0.4050	0.4960	0.2863	0.2863	0.2863
θ/(°)	0	0	3	0	0	5	0	0	0
δ/%	24.351			30.864			16.346		

图 5-17 所示为石墨烯与 Al 界面的三种位向结合关系。由图 5-17 可知，不同匹配取向下，石墨烯中碳原子与铝原子在原子排列上是不同的。表 5-8 中给出了图 5-17 中三种不同匹配取向下的晶面指数、晶向指数、偏移角等参数，并给出了根据 Bramfitt 二维点阵错配度模型计算出的界面匹配度。由表 5-8 可知，三种

匹配取向下石墨烯与铝基体之间的点阵错配度最小为9.000%，最大为14.076%，属于中等有效形核核心范围，根据 Bramfitt 理论，当石墨烯与铝以这三种取向结合时，石墨烯满足作为铝原子形核基底的理论条件，同时也从理论上证明石墨烯能够在铝合金中起到促进铝原子形核的作用。

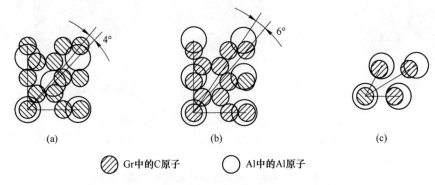

石墨烯中的C原子   Al中的Al原子

图 5-17   石墨烯/Al 可能匹配晶面的位向关系

（a）Gr(001)/Al(001)；（b）Gr(001)/Al(011)；（c）Gr(001)/Al(111)

表 5-8   石墨烯/Al 可能匹配位向关系上的匹配参数

晶面	$(0001)_{石墨烯}/(001)_{Al}$			$(0001)_{石墨烯}/(011)_{Al}$			$(0001)_{石墨烯}/(111)_{Al}$		
$[uvtw]_{石墨烯}$	$[\bar{1}\bar{1}20]$	$[3\bar{3}00]$	$[4\bar{2}\bar{2}0]$	$[\bar{1}\bar{1}20]$	$[3\bar{3}00]$	$[4\bar{2}\bar{2}0]$	$[\bar{1}2\bar{1}0]$	$[\bar{1}\bar{1}20]$	$[2\bar{1}\bar{1}0]$
$[uvw]_{Al}$	$[100]$	$[010]$	$[110]$	$[100]$	$[0\bar{1}1]$	$[1\bar{1}1]$	$[\bar{1}10]$	$[\bar{1}01]$	$[\bar{2}11]$
$d_{[uvtw]_{石墨烯}}/nm$	0.4261	0.492	0.6509	0.4261	0.492	0.6509	0.2460	0.2460	0.2460
$d_{[uvw]_{Al}}/nm$	0.4050	0.4050	0.5727	0.4050	0.5727	0.7014	0.2863	0.2863	0.2863
$\theta/(°)$	0	0	4	0	0	6	0	0	0
$\delta/\%$	13.356			9.000			14.076		

图 5-18 所示为石墨烯/Mg_2Si 可能匹配晶面的位向关系，可以看到石墨烯与 Mg_2Si 之间具有一定的原子排列差距。表 5-9 给出了图 5-18 中三种匹配方式下具体的晶面指数、晶向指数、偏移角和计算得到的点阵错配度。可以看到当石墨烯的(0001) 晶面与 Mg_2Si 的(001) 晶面结合时，点阵错配度为 5.394%，说明此种结合取向下界面两侧的原子一一对应，形成了具有较低界面能的完全共格界面。对于$(0001)_{石墨烯}/(111)_{Mg_2Si}$取向，点阵错配度属于中等有效形核范围，能够形成半共格界面，而$(0001)_{石墨烯}/(011)_{Mg_2Si}$匹配取向下，两种材料之间的点阵错配度达到了 15.340%，界面结合方式为非共格界面。综上所述，在特定的匹配取向下，石墨烯与 Mg_2Si 之间能够形成稳定的界面结构。

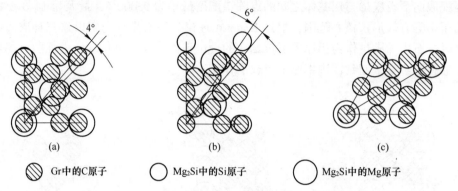

⬚ Gr中的C原子　　○ Mg₂Si中的Si原子　　○ Mg₂Si中的Mg原子

图 5-18　石墨烯/Mg_2Si 可能匹配晶面的位向关系

(a) Gr(001)/Mg_2Si(001)；(b) Gr(001)/Mg_2Si(011)；(c) Gr(001)/Mg_2Si(111)

表 5-9　石墨烯/Mg_2Si 可能匹配位向关系上的匹配参数

晶面	$(000\overline{1})_{石墨烯}/(001)_{Mg_2Si}$			$(000\overline{1})_{石墨烯}/(011)_{Mg_2Si}$			$(000\overline{1})_{石墨烯}/(111)_{Mg_2Si}$		
$[uvtw]_{石墨烯}$	$[\overline{1}\,\overline{1}20]$	$[\overline{3}300]$	$[\overline{4}220]$	$[\overline{1}\,\overline{1}20]$	$[\overline{3}300]$	$[\overline{4}220]$	$[\overline{1}\,\overline{1}20]$	$[2\overline{1}\,\overline{1}0]$	$[1\,\overline{2}10]$
$[uvw]_{Mg_2Si}$	$[100]$	$[010]$	$[110]$	$[001]$	$[1\overline{1}0]$	$[1\overline{1}1]$	$[10\overline{1}]$	$[01\overline{1}]$	$[11\overline{2}]$
$d_{[uvtw]石墨烯}$/nm	0.4261	0.492	0.6509	0.4261	0.492	0.6509	0.4920	0.4920	0.4920
$d_{[uvw]Mg_2Si}$/nm	0.4519	0.4519	0.6391	0.4519	0.6391	0.7827	0.4519	0.4519	0.4519
θ/(°)	0	0	4	0	0	6	0	0	0
δ/%	5.394			15.340			8.874		

5.2　Al/Al_4C_3 界面稳定性

从一些以 Al_4C_3 为研究对象的文章中发现，Al_4C_3 在许多材料中都可以作为异质形核基底，而且许多基体材料都是在 Al_4C_3(0001) 表面上进行形核长大。从表面能角度来说(0001) 表面是低指数晶面，表面能的大小与晶面指数呈现一定关系，即晶面指数越低，其表面越致密，表面能越低，所以 Al_4C_3 的(0001) 表面更容易成为形核基底。因此本次研究选择 Al_4C_3(0001) 表面用于建立形核界面计算。对 Al(001)、Al(011)、Al(111) 三个低指数表面进行表面收敛性测试，并计算表面能，然后使用 Al_4C_3(0001) 表面分别与 Al(001)、Al(011)、Al(111)表面模型组成 Al(001)/Al_4C_3(0001)、Al(011)/Al_4C_3(0001)、Al(111)/Al_4C_3(0001) 三种界面模型，分别对三种界面结构的界面稳定性、界面成键情况进行分析，最后进行了形核分析。计算结果显示界面结合较好，Al_4C_3 的形成能够起到改善复合材料的宏观性能的作用，前期研究也表明复合材料的抗拉强度较基体材料有较大的提升。本章节计算所需的参数已经在第2章中详细介绍。

5.2.1 表面模型的收敛性测试

5.2.1.1 Al 表面模型测试

进行表面能计算之前需要确定表面模型的厚度，合适的模型厚度既有体相的完整结构，能够确保计算任务无误，还能节省计算时间和计算成本。

本次模拟选择 Al(001)、Al(011)、Al(111) 三种低指数面进行表面能计算。铝的表面能计算公式如下：

$$E_{表面} = \frac{1}{2A}\left[E_{表面模型}(N) - NE_{体相} \right] \tag{5-2}$$

式中，$E_{表面模型}(N)$ 为表面模型的总能量；$E_{体相}$ 为结构优化后铝的体相结构中每个铝原子的能量；A 为模型的表面积；N 为表面模型中的总原子数量。

根据表面能收敛测试结果：Al(001) 表面模型厚度定为 5 层，表面能为 1.11J/m^2；Al(011) 表面模型厚度定为 5 层，表面能为 1.06J/m^2；Al(111) 表面模型厚度定为 7 层，表面能为 0.84J/m^2。

5.2.1.2 Al$_4$C$_3$(0001) 表面收敛性测试

本次模拟构建的 Al$_4$C$_3$(0001) 表面模型如图 5-19 所示。Al$_4$C$_3$ 属于多元素组成的物相，在对其进行表面收敛性测试时，需要把原子种类对表面能的影响考虑在内。在构建表面模型时，如果上下表面的原子种类不同，在第一性原理模拟表面稳定性时会导致偶极效应出现，使计算结果的精度出现问题。因此，在研究表

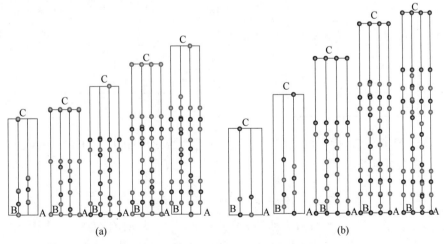

(a)   (b)

图 5-19 Al$_4$C$_3$(0001) 表面模型结构

(图中粉色小球代表 Al 原子，灰色小球代表 C 原子)

(a) Al 封端表面；(b) C 封端表面

面性质时牺牲相应物相的化学计量比，选择上下对称的表面模型来进行模拟。由铝、碳元素组成的 Al_4C_3 表面，在其（0001）表面内每个原子层只有一种原子，所以 Al_4C_3 表面有两种表面模型，一种是以铝原子作为端面原子的 Al 封端表面，另一种是以碳原子为端面原子的 C 封端表面。具体的模型建立方法是：将 Al_4C_3 的晶胞模型导入 MS 软件，然后选择（0001）表面，根据实验方案，建立具有不同层厚、不同终端原子的表面模型。

表 5-10 所列为图 5-19 中表面模型结构优化后得到的表面模型层间距变化情况。从表中数据可以看到，结构优化后表面模型内层间距变化比较明显。对比各表面模型层间距变化程度，可以看到 10 层 Al 封端表面模型和 12 层 C 封端表面模型在结构优化前后层间距变化较小，模型结构比较稳定，可以用于后续建立 Al/Al_4C_3 界面模型。

表 5-10　Al_4C_3 表面模型结构优化后得到的表面模型层间距变化情况

层间数	原子层厚度									
	Al 封端					C 封端				
	6	10	14	16	20	4	8	12	18	22
$\triangle_{1-2}$	-13.2%	6.6%	-35.4%	8.6%	1.7%	-22.3%	-74.3%	4.9%	-49.1%	-79.3%
$\triangle_{2-3}$	-83.4%	-2.6%	1.8%	-16.3%	-7.0%	-15.2%	-20.2%	2.0%	10.6%	9.7%
$\triangle_{3-4}$	-16.2%	0.3%	1.0%	2.4%	0.6%		6.0%	-2.0%	100.5%	-52.0%
$\triangle_{4-5}$		-2.8%	0.3%	0.6%	-1.7%		1.8%	0.4%	0.5%	7.5%
$\triangle_{5-6}$		0.6%	0.6%	0.7%	0.3%			-0.8%	3.6%	6.5%
$\triangle_{6-7}$			0.4%	0.5%	-0.4%			0.5%	-3.0%	0.8%
$\triangle_{7-8}$			0.7%	0.9%	0.9%				1.3%	0.8%
$\triangle_{8-9}$				0.5%	0.4%				0.0%	0.5%
$\triangle_{9-10}$					1.7%				1.0%	0.6%
$\triangle_{10-11}$					0.6%					2.4%

确定 Al_4C_3 表面模型的最佳层厚后，即可开始计算 $Al_4C_3(0001)$ 表面的表面能，计算公式如下：

$$E_{Al_4C_3} = \frac{1}{2A}(E_{表面模型} - N_C\mu_C - N_{Al}\mu_{Al} + pV - TS) \tag{5-3}$$

式中，$E_{Al_4C_3}$ 为 $Al_4C_3(0001)$ 表面的表面能；$E_{表面模型}$ 为 $Al_4C_3(0001)$ 表面模型的总能量；N_C、N_{Al} 分别为 $Al_4C_3(0001)$ 表面模型中碳原子、铝原子的数量；μ_C、μ_{Al} 分别为 $Al_4C_3(0001)$ 表面模型中碳原子、铝原子的化学势。

因为 CASTEP 模块的模拟过程默认都是在 0K，并且是凝聚态下进行，所以

公式中的 pV、TS 两项可以忽略不计。所以式（5-3）简化为：

$$E_{\mathrm{Al_4C_3}} = \frac{1}{2A}(E_{\text{表面模型}} - N_C\mu_C - N_{\mathrm{Al}}\mu_{\mathrm{Al}}) \tag{5-4}$$

结构优化后，表面模型内各原子都处于平衡位置，模型整体的能量较为稳定，此时，Al$_4$C$_3$ 体相的总化学势 $\mu_{\mathrm{Al_4C_3}}^{\text{体相}}$ 和形成焓 $\Delta H_{\mathrm{f}}^{\ominus}(\mathrm{Al_4C_3})$、Al$_4C_3$(0001) 表面模型内的碳原子和铝原子的化学势及铝单质的化学势和碳单质的化学势之间存在以下关系：

$$4\mu_{\mathrm{Al}}^{\text{体相}} + 3\mu_C^{\text{体相}} + \Delta H_{\mathrm{f}}^{\ominus}(\mathrm{Al_4C_3}) = 4\mu_{\mathrm{Al}} + 3\mu_C = \mu_{\mathrm{Al_4C_3}}^{\text{体相}} \tag{5-5}$$

总结式（5-2）~式（5-4）即可得到 Al$_4$C$_3$(0001) 表面能的具体计算公式：

$$E_{\mathrm{Al_4C_3}} = \frac{1}{2A}\left[E_{\text{表面模型}} - \frac{1}{3}N_C\mu_{\mathrm{Al_4C_3}}^{\text{体相}} + \left(\frac{4}{3}N_C - N_{\mathrm{Al}}\right)\mu_{\mathrm{Al}}\right] \tag{5-6}$$

式中，N_C、N_{Al} 分别为表面模型中 C、Al 原子的原子数量；$E_{\text{表面模型}}$ 为表面模型的总能量；A 为表面面积；$\mu_{\mathrm{Al_4C_3}}^{\text{体相}}$ 为 Al$_4$C$_3$ 体结构的化学势；μ_{Al} 为表面模型中 Al 原子的化学势。

对于同一系统，系统中单个原子的化学势与体相结构中的化学势相同，所以：

$$4\mu_{\mathrm{Al}} + 3\mu_C = \mu_{\mathrm{Al_4C_3}}^{\text{体相}} \tag{5-7}$$

$$\mu_{\mathrm{Al_4C_3}}^{\text{体相}} = 4\mu_{\mathrm{Al}}^{\text{体相}} + 3\mu_C^{\text{体相}} + \Delta H_{\mathrm{f}}^{\ominus}(\mathrm{Al_4C_3}) \tag{5-8}$$

为了保证表面模型的结构稳定，Al$_4$C$_3$(0001) 表面模型中铝、碳原子的化学势 μ_{Al}、μ_C 和对应单质的化学势 $\mu_{\mathrm{Al}}^{\text{体相}}$、$\mu_C^{\text{体相}}$ 之间必须满足 $\mu_{\mathrm{Al}} \leqslant \mu_{\mathrm{Al}}^{\text{体相}}$、$\mu_C \leqslant \mu_C^{\text{体相}}$，因此可得到下面的不等式：

$$\frac{1}{4}\Delta H_{\mathrm{f}}^{\ominus}(\mathrm{Al_4C_3}) \leqslant \mu_{\mathrm{Al}} - \mu_{\mathrm{Al}}^{\text{体相}} \leqslant 0 \tag{5-9}$$

$$\Delta\mu_{\mathrm{Al}} = \mu_{\mathrm{Al}} - \mu_{\mathrm{Al}}^{\text{体相}} \tag{5-10}$$

根据上面的公式可以计算得到 $\Delta H_{\mathrm{f}}^{\ominus}(\mathrm{Al_4C_3}) = -1.2\mathrm{eV}$，所以 $\Delta\mu_{\mathrm{Al}} = -0.3\mathrm{eV}$。

将模拟得到的各项数据代入式（5-6）计算所得的 Al 封端和 C 封端两种 Al$_4$C$_3$(0001) 表面的表面能与铝原子化学势差 $\Delta\mu_{\mathrm{Al}}$ 的关系如图 5-20 所示。从图中可以看出，表面模型的端面原子种类对 Al$_4$C$_3$(0001) 表面能的影响较大。端面原子为 Al 原子的 Al$_4$C$_3$(0001) 表面的表面能随着 $\Delta\mu_{\mathrm{Al}}$ 的增大而减小，最小值为 1.47J/m^2；端面原子为 C 原子的 Al$_4$C$_3$(0001) 表面的表面能随着 $\Delta\mu_{\mathrm{Al}}$ 的增大而增大，最大值达到 6.23J/m^2。在 Al 原子化学势的变化范围内，Al 封端表面的表面能始终低于 C 封端表面的表面能，表面能越低，表面原子的活性越低，表面模型的稳定性就更好，所以从表面能的角度来说端面原子为 Al 原子的 Al$_4$C$_3$(0001) 表面结构更加稳定。

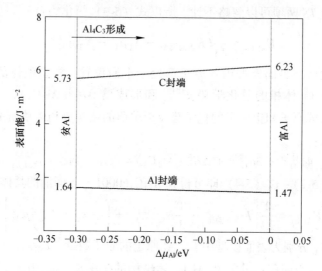

图 5-20 Al₄C₃(0001)表面的表面能随 $\Delta\mu_{Al}$ 的变化关系

5.2.2 界面强度计算方法

界面黏附功指的是将单位面积的界面结构分成为两个独立的表面需要消耗的能量。Al/Al₄C₃ 界面的界面黏附功可以用如下公式计算：

$$W_{ad} = \frac{1}{A}\left(E_{完全弛豫}^{Al} + E_{完全弛豫}^{Al_4C_3} - E_{完全弛豫}^{Al/Al_4C_3}\right) \tag{5-11}$$

式中，$E_{完全弛豫}^{Al}$、$E_{完全弛豫}^{Al_4C_3}$ 和 $E_{完全弛豫}^{Al/Al_4C_3}$ 分别为完全弛豫后表面模型和界面模型的总能量；A 为界面模型的表面积。

界面能的大小对界面结构同样有着重要的影响。Al/Al₄C₃ 界面结构的界面能可以用下面公式计算：

$$\gamma = \frac{1}{A}\left[E_{完全弛豫} + \left(\frac{4}{3}N_C - N_{Al,1}\right)\mu_{Al} - \frac{1}{3}N_C\mu_{Al_4C_3}^{体相} - N_{Al,2}\mu_{Al}^{体相}\right] - \delta_{Al} - \delta_{Al_4C_3}$$

$$\tag{5-12}$$

式中，$E_{完全弛豫}$ 为界面模型的总能量；$N_{Al,1}$、$N_{Al,2}$ 分别为 Al₄C₃、Al 表面模型中铝原子数量；N_C 为 Al₄C₃ 表面模型中碳原子数量；$\mu_{Al}^{体相}$ 为铝单质中单个铝原子的化学势；δ_{Al}、$\delta_{Al_4C_3}$ 分别为 Al、Al₄C₃ 表面模型的表面能。

5.2.3 Al(001)/Al₄C₃(0001) 界面

图 5-21 所示为 Al(001)/Al₄C₃(0001) 界面的原子堆垛位置和界面模型。用于构建 Al(001)/Al₄C₃(0001) 界面模型的 Al(001) 表面模型原子层数选为 5 层，Al₄C₃(0001) 表面模型有两种分别是 10 层厚度的 Al 封端表面和 12 层厚度的 C 封

端表面，构建界面模型时，Al(001) 表面模型在 Al$_4$C$_3$(0001) 表面模型上。根据 Al(001) 表面原子和两种 Al$_4$C$_3$(0001) 表面原子的位置关系，本次模拟构建了两种不同堆垛位置的界面模型，即顶位堆垛和中心位堆垛。

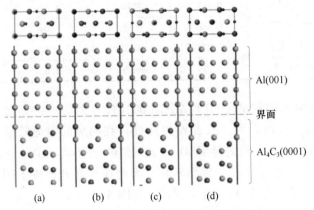

图 5-21 Al(001)/Al$_4$C$_3$(0001) 界面原子堆垛位置和构建的界面模型

（图中粉色小球代表 Al 原子，灰色小球代表 C 原子，绿色小球代表 Al(001) 界面模中的 Al 原子）

（a）Al 封端–顶位堆垛；（b）C 封端–顶位堆垛；（c）Al 封端–中心位堆垛；（d）C 封端–中心位堆垛

对建立的界面模型进行完全弛豫，得到稳定状态下的界面结构后，采用式 (5-11) 计算了四种界面的界面黏附功，计算结果如表 5-11 所示。根据表中数据可以发现，与 Al 封端界面相比，C 封端界面具有更小的界面距离和更大的界面黏附功，表明铝、碳两种不同的界面原子结合有利于形成结合强度高的稳定界面。对于具有不同堆垛结构的界面，可以看到优化后的顶位堆垛界面和中心位堆垛界面的界面间距之间的差距很小，但是界面黏附功却相差较大，说明界面原子种类对界面稳定性有较大的影响。在四种 Al(001)/Al$_4$C$_3$(0001) 界面中，C 封端顶位堆垛界面具有最大的黏附功（19.52J/m^2）和最小的界面间距（0.076nm），是最稳定的结构。

由式 (5-12) 计算得到的 Al(001)/Al$_4$C$_3$(0001) 界面的界面能见表 5-11。可以看到不同端面原子组成的界面能差距较大，C 封端界面的界面能为 0.90~1.58J/m^2，而 Al 封端界面的界面能为 5.33~6.04J/m^2，说明 Al 封端界面的稳定性比 C 封端界面差。对于不同堆垛顺序的两种界面，Al 封端界面中的顶位堆垛界面的界面能较小，C 封端界面的顶位堆垛界面的界面能同样较小，说明顶位堆垛结构有利于提高界面结构的稳定性。在四种 Al(001)/Al$_4$C$_3$(0001) 界面中，C 封端–顶位堆垛界面具有最小的界面间距（0.076nm）、最大的界面黏附功（19.52J/m^2）和最小的界面能（0.90J/m^2），是最稳定的界面。

表 5-11 四种模型完全弛豫的界面间距及对应的黏附功、界面能

界面	堆垛	界面间距 d_0 /nm	黏附功 W_{ad} /J·m⁻²	界面能 γ_{int}（富 Al）/J·m⁻²	界面能 γ_{int}（贫 Al）/J·m⁻²
Al 封端	顶位堆垛	0.187	7.78	5.33	5.16
	中心位堆垛	0.186	6.96	6.04	5.87
C 封端	顶位堆垛	0.076	19.52	0.90	1.40
	中心位堆垛	0.079	19.36	1.08	1.58

图 5-22 所示为四种 Al(001)/Al₄C₃(0001) 界面的电荷差分密度图。从图 5-22（a）和（c）可以看到，Al 封端界面处存在明显的电荷转移及再分配的现象，界面处 Al(001) 一侧的界面 Al 原子周围的电荷明显在向界面转移，Al₄C₃(0001) 一侧的 Al 原子也在向界面转移，因此在界面处形成了明显的电荷积累区，这表明在界面处存在 Al—Al 金属键。如图 5-22（b）和（d）所示，C 封端界面处靠近 C 原子一侧存在代表高电荷密度的红色区域，表明在 C 封端界面处发生了电荷重新排布，产生的电荷积累区主要集中在 C 原子一侧。通过对比可以清楚地看到在 Al 封端界面处也有电荷积累区存在，但是其电荷积累密度明显弱于 C 封端界面，表明 C 封端界面具有比 Al 封端界面更强的共价键特征，而 Al 封端界面具有比 C 封端界面更强的金属键特征。对于同种端面原子、不同界面原子堆垛位置的界面，电荷差分布密度图的差距较小，说明界面原子堆垛位置对界面的影响较弱。

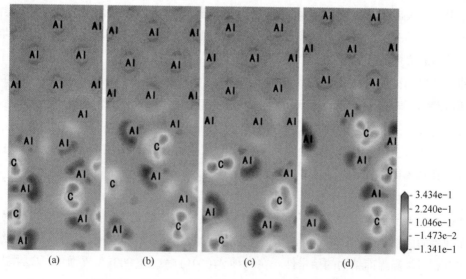

图 5-22 Al(001)/Al₄C₃(0001)界面的电荷差分密度图

（a）Al 封端-顶位堆垛；（b）C 封端-顶位堆垛；（c）Al 封端-中心位堆垛；（d）C 封端-中心位堆垛

为了进一步研究 Al(001)/Al₄C₃(0001) 界面的结合性质,计算了 Al 封端-顶位堆垛和 C 封端-顶位堆垛两种界面模型的分波态密度曲线。如图 5-23(a)所示,Al(001) 表面的三层铝原子的态密度曲线没有发生较大的变化,而且第 1 层铝原子,在费米能级处具有较高的填充态,说明界面铝原子具有较强的金属键的特征。经过比较界面处两个铝原子的态密度曲线发现两个原子轨道之间出现了一定程度的轨道杂化,表明界面处存在 Al—Al 共价键。从图 5-23(b)中曲线

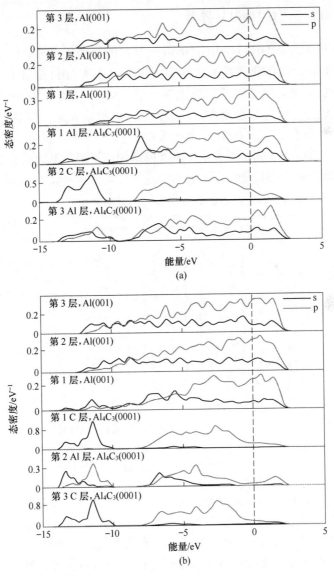

图 5-23 Al(001)/Al₄C₃(0001) 界面的分波态密度曲线

(a) Al 封端-顶位堆垛;(b) C 封端-顶位堆垛

可发现，Al(001) 一侧的第 1 层铝原子与内层铝原子的态密度曲线存在较大的差异，在-11eV 附近第 1 层铝原子的 s、p 轨道都出现了新的峰，而内层的铝原子却没有这种现象。经过比较发现界面处 Al$_4$C$_3$(0001) 一侧的界面碳原子在相同位置下同样存在峰，说明 Al(001) 一侧的第 1 层铝原子在碳原子的影响下，电荷轨道发生变化，而这些峰的出现则说明碳原子的 s 轨道与铝原子的 p 轨道之间发生轨道杂化，产生了 Al—C 共价键。

5.2.4　Al(011)/Al$_4$C$_3$(0001) 界面

图 5-24 所示为 Al(011)/Al$_4$C$_3$(0001) 界面的界面原子堆垛位置和构建的界面模型。根据表面模型收敛性测试结果，用于构建 Al(011)/Al$_4$C$_3$(0001) 界面模型的 Al(011) 表面模型原子层数选为 5 层，Al$_4$C$_3$(0001) 表面模型有两种分别是 10 层厚度的 Al 封端表面和 12 层厚度的 C 封端表面，构建界面模型时 Al(011) 表面模型在 Al$_4$C$_3$(0001) 表面模型上。根据 Al(011) 表面原子和两种 Al$_4$C$_3$(0001) 表面原子的位置关系，本次模拟构建了两种不同堆垛位置的界面模型，即顶位堆垛和中心位堆垛。

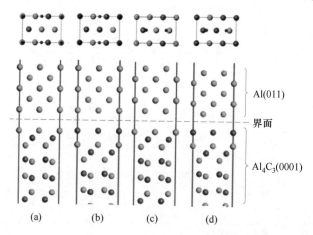

图 5-24　Al(011)/Al$_4$C$_3$(0001)界面原子堆垛位置和构建的界面模型
(图中粉色小球代表 Al 原子，灰色小球代表 C 原子，绿色小球代表 Al(011) 界面模型中的 Al 原子)
(a) Al 封端-顶位堆垛；(b) C 封端-顶位堆垛；(c) Al 封端-中心位堆垛；(d) C 封端-中心位堆垛

采用式 (5-11) 计算得到的稳定界面的界面黏附功见表 5-12，可以看到稳定结构下 C 封端界面比 Al 封端界面具有更小的界面间距和更大的黏附功，说明当界面处的端面原子为 Al 原子和 C 原子时，有利于提高界面结合强度。测量结构优化后的界面模型中界面处的 Al、C 原子之间的距离后发现，界面处界面 Al、C 原子之间的距离小于 Al$_4$C$_3$ 内 Al、C 原子的间距，说明界面处的 Al、C 原子之间形成了化学键，从而使得 C 封端界面更加稳定。在 4 种 Al(011)/Al$_4$C$_3$(0001)

界面中，C 封端-中心位堆垛界面具有最大的黏附功（17.40J/m²）和最小的界面间距（0.012nm），是最稳定的界面结构。

表 5-12　四种模型完全弛豫的界面间距及对应的黏附功、界面能

界面	堆垛	界面间距 d_0 /nm	黏附功 W_{ad} /J·m⁻²	界面能 γ_{int}（富 Al） /J·m⁻²	界面能 γ_{int}（贫 Al） /J·m⁻²
Al 封端	顶位堆垛	0.253	2.76	4.40	4.23
	中心位堆垛	0.212	2.59	4.58	4.40
C 封端	顶位堆垛	0.015	16.64	−0.48	0.02
	中心位堆垛	0.012	17.40	−0.46	0.04

通过式（5-12）计算得到的四种 Al(011)/Al₄C₃(0001) 界面的界面能见表 5-12。可以看到 Al 封端界面的界面能大于 C 封端界面的界面能，说明在界面处存在 C、Al 两种不同的原子有利于形成稳定的界面结构。在不同堆垛顺序的两种界面中，对于 Al 封端界面，顶位堆垛的界面能小于中心位堆垛的界面能，而对于 C 封端界面，两种界面的界面能差距较小。C 封端-中心位堆垛界面的界面能最小（−0.46J/m²），具有四种界面中最稳定的界面结构。

图 5-25 所示为 Al(011)/Al₄C₃(0001) 界面的电荷差分密度图。如图 5-25（a）和（c）所示，Al 封端界面具有明显的局域化特征，界面处存在明显的电荷积累区域，这说明在 Al 封端界面结构中界面 Al 原子都失去电荷，失去的电荷都

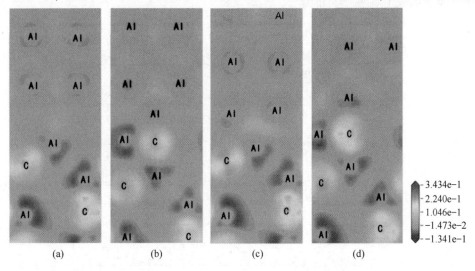

图 5-25　Al(011)/Al₄C₃(0001)界面的电荷差分密度图

（a）Al 封端-顶位堆垛；（b）C 封端-顶位堆垛；（c）Al 封端-中心位堆垛；（d）C 封端-中心位堆垛

转移到界面处，通过形成共用电荷的方式形成了 Al—Al 金属键，增加了界面结构的稳定性。如图 5-25（b）和（d）所示，C 封端界面中界面 Al 原子周围存在着具有方向性的电荷，在偏向 Al 原子的一侧存在着明显的高电荷区域，而在界面 Al 原子也存在着具有方向性的电荷，在偏向 C 原子的一侧存在明显的低电荷区域，这说明界面处的 Al 原子将部分电荷转移到了界面 C 原子一侧，并在它们之间通过电荷转移形成了 Al—C 共价键。对于同种端面原子，不同的界面原子堆垛位置也会影响到界面体系。从图 5-25 中可以看到 C 封端-中心位堆垛比 C 封端-顶位堆垛界面在界面处的电荷积累密度更高，而 Al 封端-顶位堆垛比 Al 封端-中心位堆垛界面在界面处的电荷积累密度更高。

根据界面黏附功和界面能的计算结果，从四种界面模型中选择了两种结构较为稳定的界面模型，对界面成键情况进行研究。图 5-26 所示为 Al(011)/Al$_4$C$_3$(0001) 界面的分波态密度曲线。从图 5-26（a）中可以看到 Al(011) 表面的铝原子在 -10eV 附近存在峰值，但是越接近界面，峰越小，说明越接近界面，两种表面结构的相互影响越大。界面处两个铝原子的电荷轨道存在杂化现象，说明在界面处形成了 Al—Al 共价键。

由图 5-26（b）中曲线可发现，在 -15 ~ -10eV 区间内，Al(011) 表面中第一层和第二层 Al 原子的态密度曲线与第三层 Al 原子的态密度曲线存在较大的差异，而且距离越接近界面，变化越大。通过与界面处 Al$_4$C$_3$ 一侧的 C 原子的分波态密度曲线比对后发现界面 Al 原子受到了界面 C 原子的影响，在 C 原子的影响下，Al(011) 表面中 Al 原子的电子轨道发生了变化，产生了共振峰，从而说明在界面处形成了 Al—C 共价键。

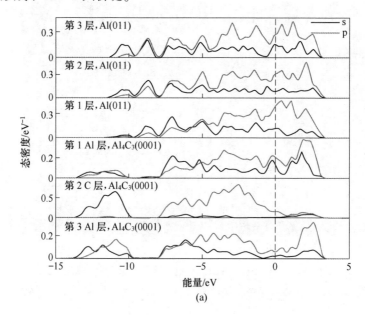

(a)

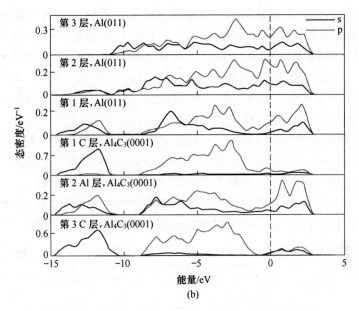

图 5-26 Al(011)/Al₄C₃(0001) 界面的分波态密度曲线

(a) Al 封端-顶位堆垛；(b) C 封端-中心位堆垛

5.2.5 Al(111)/Al₄C₃(0001) 界面

图 5-27 所示为 Al(111)/Al₄C₃(0001) 界面的界面原子堆垛位置和界面模型。

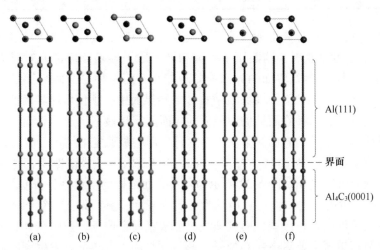

图 5-27 Al(111)/Al₄C₃(0001) 界面原子堆垛位置和构建的界面模型

（图中粉色小球代表 Al 原子，灰色小球代表 C 原子，绿色小球代表 Al(111) 界面模型中的 Al 原子）

(a) Al 封端-顶位堆垛；(b) C 封端-顶位堆垛；(c) Al 封端-中心位堆垛；

(d) C 封端-中心位堆垛；(e) Al 封端-孔穴位堆垛；(f) C 封端-孔穴位堆垛

根据表面模型收敛性测试结果，用于构建 Al(111)/Al₄C₃(0001) 界面模型的 Al(111) 表面模型原子层数选为 7 层，Al₄C₃(0001) 表面模型有两种，分别是 10 层厚度的 Al 封端表面和 12 层厚度的 C 封端表面，构建界面模型时 Al(111) 表面模型在 Al₄C₃(0001) 表面模型上。根据 Al(111) 表面原子和两种 Al₄C₃(0001) 表面原子的位置关系，本次模拟构建了三种不同堆垛位置的界面模型，即顶位堆垛、中心位堆垛和孔穴位堆垛。

对界面模型进行结构弛豫后，根据式 (5-11) 计算得到的稳定界面黏附功见表 5-13。根据表中的数据可以得出如下结论，六种界面都具有较大的界面黏附功，能够稳定存在，同时还发现无论是 Al 封端界面还是 C 封端界面，中心位堆垛界面都具有三种堆垛方式中最稳定的结构。在六种界面中，C 封端-中心位堆垛界面具有最大的界面黏附功 (17.93J/m²)，是最稳定的界面结构。

表 5-13　六种模型完全弛豫的界面间距及对应的界面黏附功、界面能

界面	堆垛	界面间距 d_0 /nm	黏附功 W_{ad} /J·m⁻²	界面能 γ_{int} (富 Al) /J·m⁻²	界面能 γ_{int} (贫 Al) /J·m⁻²
Al 封端	顶位堆垛	0.262	3.61	3.34	3.17
	中心位堆垛	0.228	3.83	3.42	3.25
	孔穴位堆垛	0.232	3.44	3.11	2.94
C 封端	顶位堆垛	0.189	6.91	10.72	10.22
	中心位堆垛	0.056	17.93	-0.30	0.20
	孔穴位堆垛	0.037	13.38	4.25	4.75

通过式 (5-12) 计算得到六种不同模型的界面能在 $\Delta\mu_{Al}$ 范围内的变化情况如表 5-13 所示。可以发现，端面原子种类和界面原子堆垛顺序都能对界面能有一定的影响。三种 Al 封端界面的界面能差距较小，而三种 C 封端界面的界面能具有较大的差异。在三种不同堆垛顺序的 C 封端界面中，顶位堆垛界面的界面黏附功最小，而且具有六种界面结构中最大的界面能，是最不稳定的界面，中心位堆垛界面结构具有最大的界面黏附功，是六种界面中最稳定的结构。

为了进一步了解 Al(111)/Al₄C₃(0001) 界面的原子成键性质，计算了六种界面的电荷差分密度图。图 5-28 所示为六种界面结构的电荷差分密度图。

图 5-28 (b)、(d) 和 (f) 所示为 C 封端界面，界面处 Al、C 原子之间存在代表高电荷密度的红色区域，而且该红色区域靠近 C 原子，表明在 C 封端界面处产生的电荷积累区主要集中在 C 原子一侧，这是因为在界面处发生了电荷重新分布，导致大量电荷从界面 Al 原子转移到 C 原子一侧，在顶位堆垛界面中这一现象尤为明显。

通过对比图 5-28 (a)、(c) 和 (e) 可以清楚地看到，在 Al 封端界面处也

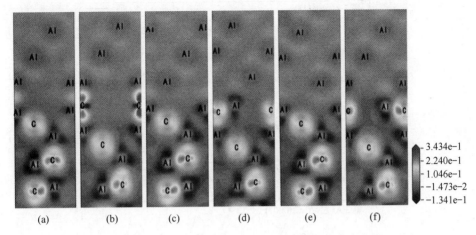

图 5-28 Al(111)/Al₄C₃(0001) 界面的电荷差分密度图

(a) Al 封端-顶位堆垛；(b) C 封端-顶位堆垛；(c) Al 封端-中心位堆垛；(d) C 封端-中心位堆垛；

(e) Al 封端-孔穴位堆垛；(f) C 封端-孔穴位堆垛

存在电荷积累区，但是其电荷积累密度明显弱于 C 封端界面，表明 C 封端界面具有比 Al 封端界面更强的共价键特征，而 Al 封端界面具有比 C 封端界面更强的金属键特征。对于同种具有端面原子的界面，界面原子堆垛位置也会影响到界面处的电子分布，从图 5-28 也可以看到中心位堆垛界面在界面处的电荷积累密度较另外两种堆垛形式的界面更高。

如图 5-29 所示，从 6 种 Al(111)/Al₄C₃(0001) 界面中选择出两种结构比较稳定的具有不同端面原子种类的中心位堆垛界面结构用于研究界面的电荷分布特点和界面原子之间的相互作用。如图 5-29（a）所示，与内层铝原子相比，界面铝原子的轨道曲线没有出现明显的区域化特征，表明界面铝原子具有较强的金属键的特征。在费米能级附近，Al(111) 的第一层 Al 原子 s 轨道与 Al₄C₃(0001) 的第一层 Al 原子 p 轨道存在部分重叠，这表明两个原子轨道之间出现了一定程度的轨道杂化，这种现象的存在表明界面处存在 Al—Al 共价键。

从图 5-29（b）中可以看到，界面处 Al(111) 的第一层 Al 原子与 Al(111) 的第二层、第三层 Al 原子在电荷差分密度图上有很大的不同，首先在费米能级附近，第一层 Al 原子显示出比内层 Al 原子稍弱的填充态，表明 C 封端界面的金属键特征较弱，这与电荷差分密度图的结论一致。另外在-12eV 附近，Al(111) 的第一层 Al 原子 s、p 轨道都出现了新的峰，内层的 Al 原子却没有这种现象，而 Al₄C₃(0001) 的第一层 C 原子在相同位置同样存在较高的峰值，所以可以判断 Al(111) 的第一层 Al 原子是受到了界面 C 原子的影响，出现了共振峰，在界面处与 C 原子形成了 Al—C 共价键。

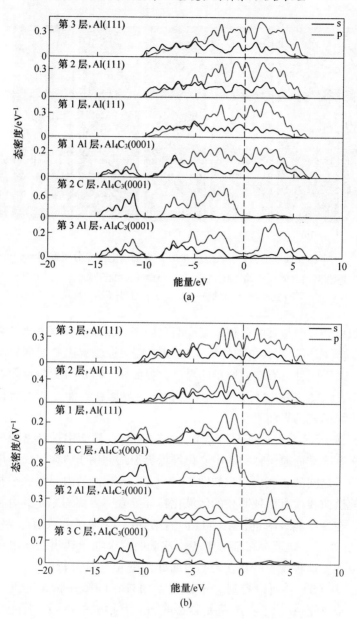

图 5-29 Al(111)/Al₄C₃(0001) 界面的分波态密度曲线

(a) Al 封端-中心位堆垛；(b) C 封端-中心位堆垛

5.2.6 形核分析

根据热力学理论，如果 Al₄C₃ 能够作为铝原子的有效异质形核基底，那么 Al₄C₃ 与 α-Al 之间的界面能必须低于 α-Al/Al 熔体之间的界面能（0.15J/m²）。

根据表 5-11~表 5-13 中所列数据，Al(111)/Al₄C₃(0001) 界面的 C 封端-中心位堆垛结构的界面能（-0.30J/m²）、Al(011)/Al₄C₃(0001) 界面的 C 封端-中心位堆垛结构的界面能（-0.46J/m²）和 Al(011)/Al₄C₃(0001) 界面的 C 封端-顶位堆垛结构的界面能（-0.48J/m²）均低于 α-Al/Al 熔体之间的界面能（0.15 J/m²），说明上述三种 Al/Al₄C₃ 结合取向下，Al₄C₃ 都能作为铝基石墨烯合金中 α-Al 的形核基底，而且 Al(111)/Al₄C₃(0001) 的 C 封端-中心位堆垛界面是最优的 Al/Al₄C₃ 界面结合方式。

对于 Al(001)/Al₄C₃(0001) 界面，其 C 封端-顶位堆垛界面的界面能为 0.90J/m²，根据形核理论，当基体与异质相之间的相界处存在较大的界面能时，两相界面处的原子会受到应力作用而发生弹性畸变，此时相界面处的原子通过引入点阵错配，将部分界面能释放，使界面趋向稳定，所以在 Al(001)/Al₄C₃ (0001) 取向下，Al₄C₃ 也有可能成为 α-Al 的形核基底。

综上所述，可以得出结论：Al₄C₃ 能够作为石墨烯/AlSi10Mg 复合材料中 α-Al的形核基底。

5.3 Mg₂Si/石墨烯界面稳定性

5.3.1 表面模型的收敛性测试

Mg₂Si 是一种多元素组成的物相，其晶胞内有镁、硅两种元素，进行表面收敛性测试时，需要考虑不同原子对表面能的影响。根据前面章节中关于建立表面模型时的要求，建立的 Mg₂Si 表面模型具有对称结构，然后对建立的表面模型进行收敛性测试，计算不同模型的表面能大小。

Mg₂Si 的表面能计算公式如下：

$$E_{Mg_2Si} = \frac{1}{2A}(E_{表面模型} - N_{Mg}\mu_{Mg} - N_{Si}\mu_{Si} + pV - TS) \qquad (5-13)$$

式中，E_{Mg_2Si} 为 Mg₂Si 表面的表面能；$E_{表面模型}$ 为 Mg₂Si 表面模型的总能量；N_{Mg}、N_{Si} 分别为 Mg₂Si 表面模型中镁原子、硅原子的数量；μ_{Mg}、μ_{Si} 分别为 Mg₂Si 表面模型中镁原子、硅原子的化学势。

因为 CASTEP 模块设定模拟过程默认在 0K 和凝聚态下进行，所以公式中的 pV、TS 两项可以忽略不计。所以式（5-13）简化为：

$$E_{Mg_2Si} = \frac{1}{2A}(E_{表面模型} - N_{Mg}\mu_{Mg} - N_{Si}\mu_{Si}) \qquad (5-14)$$

在能量最低状态下，Mg₂Si 体相的总化学势 $\mu_{Mg_2Si}^{体相}$ 和形成焓 $\Delta H_f^{\ominus}(Mg_2Si)$、Mg₂Si 表面模型内的镁原子和硅原子的化学势、镁单质和硅单质的化学势之间存

在如下关系:

$$2\mu_{Mg}^{体相} + \mu_{Si}^{体相} + \Delta H_f^{\ominus}(Mg_2Si) = 2\mu_{Mg} + \mu_{Si} = \mu_{Mg_2Si}^{体相} \qquad (5\text{-}15)$$

综合式（5-13）~式（5-15），Mg_2Si 表面模型的表面能可以使用如下公式计算:

$$E_{Mg_2Si} = \frac{1}{2A}\left[E_{表面模型} - N_{Si}\mu_{Mg_2Si}^{体相} + (2N_{Si} - N_{Mg})\mu_{Mg} \right] \qquad (5\text{-}16)$$

式中，N_{Mg}、N_{Si} 分别为表面模型中镁、硅原子的原子数; $E_{表面模型}$ 为表面模型的总能量; A 为表面面积; $\mu_{Mg_2Si}^{体相}$ 为 Mg_2Si 体相结构的化学势; μ_{Mg} 为表面模型中镁原子的化学势。

对于同一结构，系统中原子的化学势与体相结构中的化学势相同，所以存在以下关系:

$$2\mu_{Mg} + \mu_{Si} = \mu_{Mg_2Si}^{体相} \qquad (5\text{-}17)$$

$$\mu_{Mg_2Si}^{体相} = 2\mu_{Mg}^{体相} + \mu_{Si}^{体相} + \Delta H_f^{\ominus}(Mg_2Si) \qquad (5\text{-}18)$$

因为 Mg_2Si 体相结构的稳定性优于 Mg_2Si 表面结构，所以表面模型内的镁、硅原子的化学势 μ_{Mg}、μ_{Si} 必须小于对应单质的化学势 $\mu_{Mg}^{体相}$、$\mu_{Si}^{体相}$，即 $\mu_{Mg} \leqslant \mu_{Mg}^{体相}$、$\mu_{Si} \leqslant \mu_{Si}^{体相}$，因此可得到下面的不等式:

$$\frac{1}{2}\Delta H_f^{\ominus}(Mg_2Si) \leqslant \Delta\mu_{Mg} - \mu_{Mg}^{体相} \leqslant 0 \qquad (5\text{-}19)$$

$$\Delta\mu_{Mg} = \mu_{Mg} - \mu_{Mg}^{体相} \qquad (5\text{-}20)$$

由上述公式可以计算得到 $\Delta H_f^{\ominus}(Mg_2Si) = -3.07eV$，所以 $\Delta\mu_{Mg} = -1.53eV$。

5.3.1.1 Mg₂Si(001) 表面

本次模拟构建的 $Mg_2Si(001)$ 表面模型如图 5-30 所示。根据表面模型端面原子种类的分布情况，$Mg_2Si(001)$ 表面模型有两种，一种是以 Mg 原子作为端面原子的 Mg 封端表面，另一种是以 Si 原子为端面原子的 Si 封端表面。具体的模型建立方法是：将 Mg_2Si 的晶胞模型导入 MS 软件，然后选择（001）表面，根据实验方案，分别建立了 3、7、11、15、19 层 Mg 封端表面模型和 5、9、13、17、21 层 Si 封端表面模型。

表 5-14 所列为 $Mg_2Si(001)$ 表面模型结构优化后得到的表面模型层间距变化情况，可以看到随着层厚增加，表面模型的层间距变化值越来越小。对于 Mg 封端模型，第 7 层、11 层、15 层、19 层表面模型的层间距变化较小，变化值都在 1% 以内，为了减少计算成本，最终选择 7 层 Mg 封端表面模型用于计算；对于 Si 封端模型，可以看到 5 种表面模型的 1-2 层层间距变化较大，达到了 20% 以上，经过比较内层原子层的层间距变化值，选用 9 层 Si 封端表面模型用于计算。

将模拟得到的各项数据代入式（5-16）计算所得的 Mg 封端和 Si 封端两种 $Mg_2Si(001)$ 表面的表面能与镁原子化学势差 $\Delta\mu_{Mg}$ 的关系如图 5-31 所示。从图

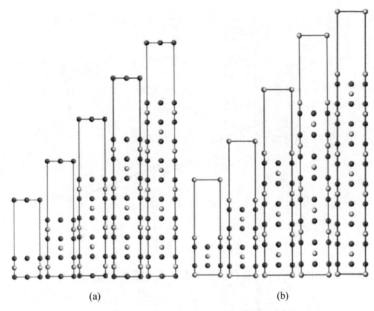

(a)　　　　　　　　　　　　　(b)

图 5-30　Mg₂Si(001) 表面模型结构

(图中绿色小球代表 Mg 原子, 黄色小球代表 Si 原子)

(a) Mg 封端; (b) Si 封端

中可以看到 Mg 封端的表面能随着镁原子化学势差 $\Delta\mu_{Mg}$ 的增大而减小, Si 封端的表面能随着镁原子化学势差 $\Delta\mu_{Mg}$ 的增大而增大; 当镁原子化学势差 $\Delta\mu_{Mg}$ 约为 $-1.3eV$ 时, 两种表面模型的表面能相等。

表 5-14　Mg₂Si(001) 表面模型结构优化后得到的表面模型层间距变化情况

层间数	层 厚 度									
	Mg 封端					Si 封端				
	3	7	11	15	19	5	9	13	17	21
$\triangle_{1-2}$	1.1%	0.9%	0.3%	0.1%	0.8%	-41.1%	-25.0%	-21.3%	-21.2%	-21.3%
$\triangle_{2-3}$		0.6%	0.3%	0.1%	-0.9%	3.4%	5.7%	4.8%	4.6%	5.1%
$\triangle_{3-4}$		0.1%	-0.1%	-0.3%	0.5%		-2.6%	-0.9%	-1.5%	0.0%
$\triangle_{4-5}$			0.1%	0.1%	-0.3%		0.9%	1.2%	1.9%	1.6%
$\triangle_{5-6}$			0.2%	-0.1%	0.3%			0.1%	-0.1%	-0.6%
$\triangle_{6-7}$				-0.1%	0%			0.3%	0.1%	0.3%
$\triangle_{7-8}$				0.1%	-0.2%				-0.3%	-0.3%
$\triangle_{8-9}$					-0.1%				-0.3%	-0.1%
$\triangle_{9-10}$					0.2%					0.2%
$\triangle_{10-11}$										-0.3%

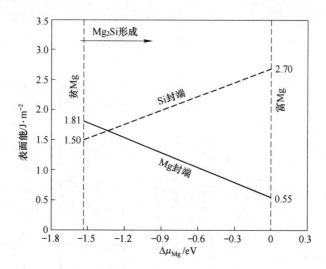

图 5-31　两种 Mg_2Si（001）表面的表面能随 $\Delta\mu_{Mg}$ 的变化关系

5.3.1.2　Mg_2Si(011) 表面

图 5-32 所示为用于表面收敛性测试的 Mg_2Si(011) 表面模型。在建立 Mg_2Si (011) 表面时，发现 Mg_2Si(011) 表面虽然有两种不同排列方式的原子层，但是这两种原子层内都同时含有镁原子和硅原子，所以无法建立具有单一原子种类的表面层。在本次模拟中将这两种不同排列方式的原子层作为端面原子层，将两种表面分别称为 Si 封端-中心位堆垛、Mg 封端-中心位堆垛。在 MS 软件中选出 Mg_2Si(011) 表面后，根据实验方案，两种表面模型的厚度均为 3、5、7、9、11 层。

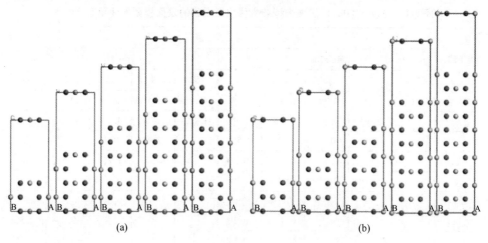

图 5-32　Mg_2Si(011) 表面模型结构

（图中绿色小球代表 Mg 原子，黄色小球代表 Si 原子）

（a）Si 封端-中心位堆垛；（b）Mg 封端-中心位堆垛

表 5-15 所列为 Mg$_2$Si(011) 表面模型结构优化后得到的表面模型层间距变化情况。根据表中数据可以看到随着层厚增加，Mg$_2$Si(011) 表面模型的层间距变化程度逐渐变小。对于 Si 封端-中心位堆垛表面，可以看到表层原子的层间距变化较为明显，而内层原子的层间距变化较小，而且随着表面模型层厚的增加，内层原子的层间距变化越来越小，这说明增加模型层厚有利于得到稳定的表面结构。对于 Mg 封端-中心位堆垛界面，可以看到表层原子的层间距变化减小，内层原子也比较稳定，未产生较大程度的变化。衡量计算成本与计算精度，两种 Mg$_2$Si(011) 表面模型都选择 5 层厚度作为最佳层厚。

表 5-15 Mg$_2$Si(011) 表面模型结构优化后得到的表面模型层间距变化情况

层间数	层 厚 度									
	Si 封端-中心位堆垛					Mg 封端-中心位堆垛				
	3	5	7	9	11	3	5	7	9	11
$\triangle_{1-2}$	−4%	−6.2%	−6.6%	−6.9%	−6.7%	−4.7%	0.8%	0.3%	0.2%	0.4%
$\triangle_{2-3}$		1.5%	1.5%	1.8%	1.7%		1.3%	1.7%	1.9%	1.6%
$\triangle_{3-4}$			0.6%	0.2%	0%			−1.0%	−1.0%	−1.2%
$\triangle_{4-5}$				0.7%	0.7%				0.1%	0.1%
$\triangle_{5-6}$					−0.1%					−0.3%

对选定层厚的两种 Mg$_2$Si(011) 表面模型进行结构优化，将模拟得到的各项数据代入式（5-16），计算所得的 Si 封端-中心位堆垛、Mg 封端-中心位堆垛两种 Mg$_2$Si(011) 表面的表面能与镁原子化学势差 $\Delta\mu_{Mg}$ 的关系如图 5-33 所示。采用

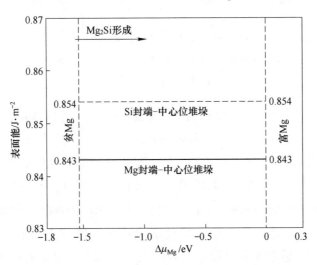

图 5-33 Mg$_2$Si（011）表面的表面能随 $\Delta\mu_{Mg}$ 的变化关系

式（5-15）计算表面能时，由于 $Mg_2Si(011)$ 表面模型内镁、硅原子数量比为 2:1，原子数对表面能的影响为零，因此 $Mg_2Si(011)$ 表面的表面能不随着镁原子化学势的改变而发生变化，如图 5-33 所示，Si 中心位堆垛表面的表面能为 $0.854J/m^2$，Mg 中心位堆垛表面的表面能为 $0.843J/m^2$。

5.3.1.3 $Mg_2Si(111)$ 表面

用于收敛性测试的 $Mg_2Si(111)$ 表面模型有两种端面原子，一种是 Mg 封端表面，另一种是 Si 封端表面。在 MS 软件中选出 $Mg_2Si(111)$ 表面后，根据实验方案，分别建立了如图 5-34 所示的 2、6、8、12、14 层 Mg 封端表面模型和 4、10、16、22、28 层 Si 封端表面模型用于表面收敛性测试。

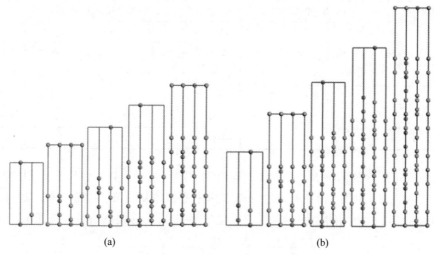

(a)   (b)

图 5-34 $Mg_2Si(111)$ 表面模型结构

（图中绿色小球代表 Mg 原子，黄色小球代表 Si 原子）

（a）Mg 封端；（b）Si 封端

表 5-16 所列为 $Mg_2Si(111)$ 表面模型结构优化后得到的表面模型层间距变化情况。可以看到 $Mg_2Si(111)$ 表面的表面层间距变化值较大，能够达到 20% 以上，说明表层原子的稳定性较差，通过结构优化能够更好地平衡表面模型内各原子的分布状态。对于 Mg 封端模型，随着层厚增加，内层层间距变化值逐渐变小，表层原子的层间距一直在变化，8 层 Mg 封端模型的所有层间距变化都比较小，所以选择用于建立界面模型；在 5 种 Si 封端模型中，10 层表面模型的层间距变化情况比较小，因此选择 10 层 Si 封端表面模型用于界面计算。

表 5-16 $Mg_2Si(111)$ 表面模型结构优化后得到的表面模型层间距变化情况

层间数	层 厚 度									
	Mg 封端					Si 封端				
	2	6	8	12	14	4	10	16	22	28
$\triangle_{1-2}$	-5.4%	-29%	-3%	-29%	-2%	12%	-22%	-26%	-29%	-28%
$\triangle_{2-3}$		11%	2%	9%	3%	-10%	6%	8%	10%	9%
$\triangle_{3-4}$		-5%	1%	-3%	0%		1%	2%	2%	2%
$\triangle_{4-5}$			0%	3%	0%		1%	-1%	4%	-1%
$\triangle_{5-6}$				-3%	-1%		0%	0%	-2%	0%
$\triangle_{6-7}$				1%	0%		1%	0%		1%
$\triangle_{7-8}$					0%			-2%	0%	-2%
$\triangle_{8-9}$								0%	-1%	0%
$\triangle_{9-10}$									1%	-2%
$\triangle_{10-11}$									-2%	0%
$\triangle_{11-12}$									1%	0%
$\triangle_{12-13}$									1%	
$\triangle_{13-14}$										0%
$\triangle_{14-15}$										0%

对选定层厚的两种 $Mg_2Si(111)$ 表面模型进行结构优化，将模拟得到的各项数据代入式（5-16），计算所得的 Mg 封端和 Si 封端两种 Mg_2Si (111) 表面的表面能与镁原子化学势差 $\Delta\mu_{Mg}$ 的关系如图 5-35 所示。从图中可以看到 Mg 封端的表面能随着镁原子化学势差 $\Delta\mu_{Mg}$ 的增大而减小，Si 封端的表面能随着镁原子化学势差 $\Delta\mu_{Mg}$ 的增大而增大，Mg_2Si (111) 表面的表面能最大为 $3.04J/m^2$，最小值为 $0.67J/m^2$；当 $\Delta\mu_{Mg}$ 大于-1.3eV 时，Mg 封端表面的表面能较小，当 $\Delta\mu_{Mg}$ 小于-1.3eV 时，Si 封端表面的表面能较小。

5.3.1.4 石墨烯(0001) 表面

图 5-36 所示为建立界面模型使用的单层石墨烯模型，晶格常数为 $a = b = 0.2460nm$。在第 3 章中对复合材料内部的石墨烯区域进行了 TEM 图像分析，根据石墨烯的衍射斑点形状可以确定 SLM 成形石墨烯/AlSi10Mg 复合材料内部的石墨烯片为单层石墨烯。所以模拟计算时，为了尽可能还原石墨烯与基体材料的真实结合状态，模拟采用的石墨烯模型全部采用单层结构。单层石墨烯模型内只有碳原子一种原子类型，所以其表面能可以通过式（5-2）计算，计算后得到的单层石墨烯表面能为 $1.06J/m^2$。

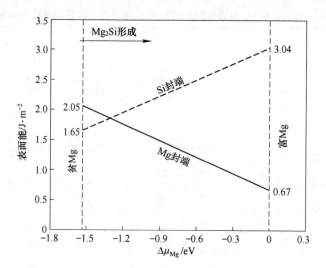

图 5-35　$Mg_2Si(111)$ 表面的表面能随 $\Delta\mu_{Mg}$ 的变化关系

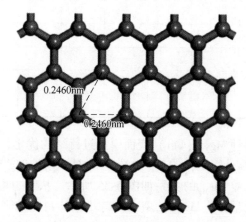

图 5-36　用于建立 Mg_2Si/石墨烯界面的单层石墨烯模型

5.3.2　界面强度计算方法

Mg_2Si/石墨烯界面的界面黏附功计算公式如下：

$$W_{ad} = \frac{1}{A}\left(E_{完全弛豫}^{石墨烯} + E_{完全弛豫}^{Mg_2Si} - E_{完全弛豫}^{石墨烯/Mg_2Si}\right)　　　（5-21）$$

式中，$E_{完全弛豫}^{石墨烯}$、$E_{完全弛豫}^{Mg_2Si}$ 为完全弛豫后表面模型的总能量；$E_{完全弛豫}^{石墨烯/Mg_2Si}$ 为界面模型的总能量；A 为界面模型的面积。

Mg_2Si/石墨烯界面结构的界面能可以用下面公式计算：

$$\gamma = \frac{1}{A}\left[E_{\text{完全弛豫}} - N_{\text{Si}}\mu_{\text{Mg}_2\text{Si}}^{\text{体相}} + (2N_{\text{Si}} - N_{\text{Mg}})\mu_{\text{Mg}} - N_C\mu_C^{\text{体相}}\right] - \delta_{\text{Mg}_2\text{Si}} - \delta_{\text{石墨烯}}$$

$$(5\text{-}22)$$

式中，$E_{\text{完全弛豫}}$ 为 Mg_2Si/石墨烯界面模型的总能量；N_{Mg}、N_{Si} 分别为 Mg_2Si 表面模型中镁原子和硅原子的数量；N_C 为石墨烯表面模型中的碳原子数量；$\mu_C^{\text{体相}}$ 为石墨烯表面模型中单个碳原子的化学势；$\delta_{\text{Mg}_2\text{Si}}$、$\delta_{\text{石墨烯}}$ 分别为 Mg_2Si、石墨烯表面模型的表面能。

5.3.3 Mg₂Si(001)/石墨烯(0001) 界面

根据 5.3.1.1 小节中 $Mg_2Si(001)$ 表面模型收敛性测试结果，用于建立界面结构的 $Mg_2Si(001)$ 表面模型有两种，分别是 7 层 Mg 封端表面和 9 层 Si 封端表面。因为 9 层的 Si 封端表面中第一层的硅原子层有两种不同的原子排布方式，所以根据界面原子的相对位置，共建立了如图 5-37 所示的三种 $Mg_2Si(001)$/石墨烯（0001）界面模型，分别为 Mg 封端、Si 封端-中心位堆垛和 Si 封端-顶位堆垛。

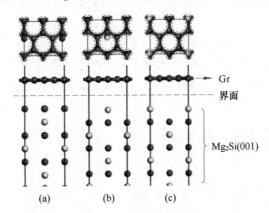

图 5-37   Mg₂Si(001)/石墨烯(0001) 界面原子堆垛位置和构建的界面模型
（图中绿色小球代表 Mg 原子，黄色小球代表 Si 原子，灰色小球代表 C 原子）
（a）Mg 封端；（b）Si 封端-中心位堆垛；（c）Si 封端-顶位堆垛

结构弛豫后，界面模型处于能量最低状态，此时界面结构的界面黏附功见表 5-17。表中数据显示，Si 封端-顶位堆垛界面的界面黏附功最大，为 1.187J/m²，其余两种界面模型的界面黏附功都比较小。从表中优化后的界面间距发现，三种界面模型在结构优化后，界面间距依然较大，表明 $Mg_2Si(001)$/石墨烯（0001）界面模型的稳定性比较差。一般来说，化学键的距离通常小于 0.26nm，氢键的距离通常在 0.26~0.31nm 范围内，强范德华作用的距离为 0.31~0.50nm，根据表中数据，三种界面模型的稳定界面间距都比较大，其中 Mg 封端界面的稳定界面间距为 0.431nm，已经达到了强范德华作用的距离，所以根据键长判断 Mg_2Si

(001)/石墨烯(0001) 三种模型的界面处形成的可能是强范德华键。

表 5-17 结构弛豫后的 $Mg_2Si(001)$/石墨烯(0001) 界面间距及对应的界面黏附功、界面能

界面	堆垛	界面间距 d_0 /nm	黏附功 W_{ad} /J·m^{-2}	界面能 γ_{int}（富 Mg）/J·m^{-2}	界面能 γ_{int}（贫 Mg）/J·m^{-2}
Mg 封端	—	0.431	0.109	1.451	3.814
Si 封端	中心位堆垛	0.380	0.422	5.495	3.169
	顶位堆垛	0.380	1.187	5.494	3.168

$Mg_2Si(001)$/石墨烯(0001) 界面模型的界面能可以通过式（5-22）计算。计算得到的界面能结果见表 5-17，可以看到 Si 封端界面的界面能大于 Mg 封端界面，说明镁原子与石墨烯在界面处相结合更有利于形成稳定的界面结构。同时发现三种界面的界面能都比较大，最大值为 5.495J/m^2，远大于基体中 α-Al/Al 熔体的界面能（0.15J/m^2）。界面能越大表明界面结构稳定性越差，所以当复合材料内部的 Mg_2Si 与石墨烯之间的结合取向为 $Mg_2Si(001)$/石墨烯(0001) 时，界面结构稳定性较差。

图 5-38 所示为三种 $Mg_2Si(001)$/石墨烯(0001) 界面的电荷差分密度图。如图所示，三种界面模型中石墨烯的碳原子之间存在较强的相互作用，每个碳原子周围都存在具有方向性的电荷累积区域，这些电荷累积区域，使石墨烯的正六边形碳原子网格能够非常稳定的存在。从图中可以看到，三种界面的界面处都存在

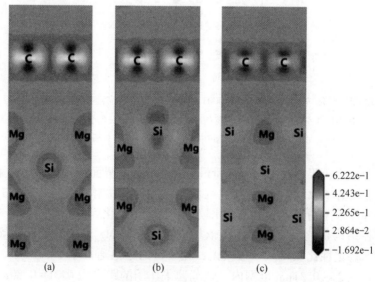

图 5-38 $Mg_2Si(001)$/石墨烯(0001) 的电荷差分密度图

（a）Mg 封端；（b）Si 封端-中心位堆垛；（c）Si 封端-顶位堆垛

较宽的间隙区域，这表明 Mg₂Si(001) 表面内的原子与石墨烯(0001) 表面的碳原子之间没有形成化学键。另外，可以看到三种界面模型内的 Mg₂Si(001) 表面的界面原子周围都存在着具有方向性的电荷区域，图 5-38（a）中界面 Mg 原子周围的电荷有向石墨烯转移的趋势，图 5-38（b）和（c）中也可以观察到这种现象，说明三种模型内的 Mg₂Si(001) 表面与石墨烯(0001) 表面之间存在着较弱的相互作用力，这些作用力能够在一定程度上提高 Mg₂Si(001)/石墨烯(0001)界面结合强度。

图 5-39 所示为三种 Mg₂Si(001)/石墨烯(0001) 界面的分波态密度曲线。图 5-39（a）所示为 Mg 封端界面结构的分波态密度曲线，从图中可以看到，距离石墨烯最近的镁原子的电荷轨道与内层镁原子相比，发生了较大的变化，在费米能级附近，第 1 层镁原子的 p 轨道上出现了新的峰，但是，石墨烯中的碳原子在相同电荷能级附近没有出现峰值，这说明碳原子与镁原子的电荷轨道之间没有发生杂化，仅仅存在相互吸引，这与电荷差分密度图的分析结果相符。图 5-39（b）和（c）是两种不同端面原子的 Si 封端界面结构的分波态密度曲线。可以看到两种界面中界面镁原子和硅原子的分波态密度曲线十分接近，与内层镁原子相比，界面镁原子的 s、p 轨道更加平整，峰的数量较少，界面硅原子在-5~0eV 之间只有一个较大的峰，而内层硅原子在-5~0eV 之间有两个相邻的较大峰，这表明界面硅原子与内层硅原子所处的电荷环境不同，界面硅原子受到石墨烯的影响后，其电荷轨道发生了一定程度的改变，但是在这两种 Si 封端界面结构的分波态密度曲线中并没有出现轨道重叠或杂化的现象，所以没有在界面处形成化学键。

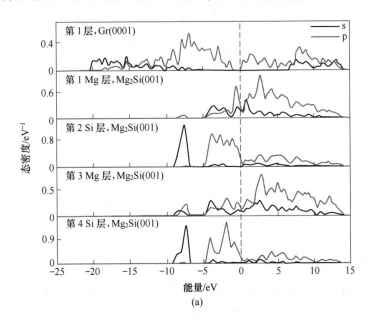

(a)

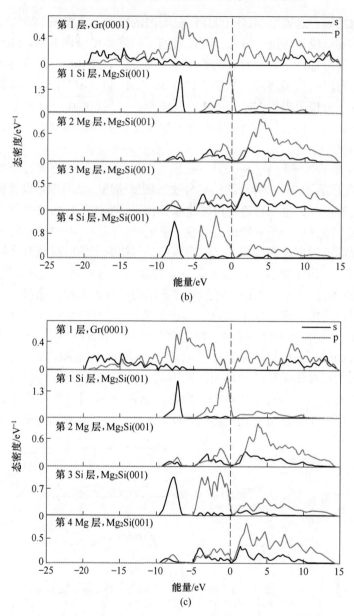

图 5-39 Mg$_2$Si(001)/石墨烯(0001) 界面的分波态密度曲线

（a）Mg 封端；（b）Si 封端-中心位堆垛；（c）Si 封端-顶位堆垛

5.3.4 Mg$_2$Si(011)/石墨烯(0001) 界面

图 5-40 所示为两种 Mg$_2$Si(011)/石墨烯(0001) 界面的界面模型：Si 封端-中心位堆垛和 Mg 封端-中心位堆垛。建立界面模型时，Mg$_2$Si(011) 表面模型放

置在石墨烯(0001) 表面模型上方。

根据收敛性测试，选择 5 层 Si 封端-中心位堆垛、Mg 封端-中心位堆垛表面模型与石墨烯(0001) 表面构建 Mg$_2$Si(011)/石墨烯(0001) 界面结构。因为两种 Mg$_2$Si(011) 表面模型的表层原子仅存在一种排列方式，所以本次模拟不需要考虑界面原子堆垛位置对界面结构的影响。

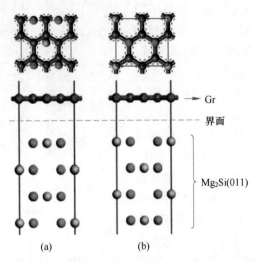

图 5-40　Mg$_2$Si (011)/石墨烯(0001) 界面原子堆垛位置和构建的界面模型

(图中绿色小球代表 Mg 原子，黄色小球代表 Si 原子，灰色小球代表 C 原子)

(a) Si 封端-中心位堆垛；(b) Mg 封端-中心位堆垛

结构弛豫后，计算得到的 Mg$_2$Si(011)/石墨烯(0001) 界面的稳定界面间距和界面黏附功见表 5-18。表中数据显示，结构优化后两种界面模型的界面间距分别为 0.4010nm、0.3873nm，界面间距较大，界面处可能存在范德华力，而且两种界面结构的界面黏附功均为负值，所以可以得出 Mg$_2$Si(011)/石墨烯(0001) 界面的稳定性较差。

表 5-18　结构弛豫后的 Mg$_2$Si(011)/石墨烯(0001) 界面间距及对应的界面黏附功、界面能

界　面	界面间距 d_0 /nm	黏附功 W_{ad} /J·m^{-2}	界面能 γ_{int} （富 Mg）/J·m^{-2}	界面能 γ_{int} （贫 Mg）/J·m^{-2}
Si 封端-中心位堆垛	0.4010	−1.449	5.339	5.339
Mg 封端-中心位堆垛	0.3873	−1.456	5.337	5.337

通过式（5-22）计算得到 Mg$_2$Si(011)/石墨烯(0001) 界面模型的界面能结果见表 5-18，发现两种界面的界面能远大于 α-Al/Al 熔体的界面能（0.15J/m^2），说明 Mg$_2$Si (011) 表面与石墨烯(0001) 表面结合时，界面稳定性较差，结合强

度低，易发生界面分离。另外，发现两种界面的界面能差距较小，说明 Mg_2Si(011)/石墨烯(0001) 界面中 Mg_2Si(011) 表面的端面原子种类对界面结构的影响较小。

如图 5-41 所示，两种 Mg_2Si(011)/石墨烯(0001) 界面中石墨烯内的碳原子之间存在明显的相互作用，碳原子周围的电荷分布具有明显的方向性，相邻碳原子之间存在较强的电荷积累区域，使得石墨烯结构具有较强的稳定性。图中 Mg_2Si(011)/石墨烯(0001) 界面模型的石墨烯与 Mg_2Si 之间同样存在间隙区域，但是宽度有所减小，说明两种表面模型之间的相互作用强度有所增强，但是由于两种界面模型内不存在电荷转移现象，所以仍然没有形成化学键。从图 5-41 （a) 中可以看到，Si 封端-中心位堆垛界面中表层硅原子周围的电荷

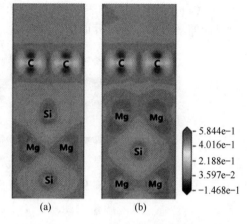

图 5-41　Mg_2Si(011)/石墨烯(0001) 的
电荷差分密度图
（a) Si 封端-中心位堆垛 （b) Mg 封端-中心位堆垛

分布具有一定的方向性，电荷从硅原子向石墨烯转移的趋势很明显，因为界面间距较大，所以他们之间并没有发生电荷的转移。同样的，Mg 封端-中心位堆垛界面中两个表层镁原子也在接近石墨烯的一侧形成了低电荷区域，而且 Mg 封端-中心位堆垛界面中，石墨烯与 Mg_2Si 之间的低电荷区域距离比较近，这可能会导致他们之间的结合强度有所增强。

图 5-42 所示为两种 Mg_2Si(011)/石墨烯(0001) 界面的分波态密度曲线。图 5-42 （a) 为 Si 封端-中心位堆垛界面结构的分波态密度曲线，从图中可以看到，与内层硅原子的电荷轨道相比，界面硅原子的电荷轨道在石墨烯的影响下发生了明显变化。首先，第 1 层碳原子的 s、p 轨道上的峰值都有较大的增强，而且在费米能级附近，第 1 层碳原子的 p 轨道上峰的数量变少，说明第 1 层碳原子与石墨烯中的碳原子之间存在着较强的相互作用，但是由于它们之间未发生轨道杂化，因此在界面处未形成化学键。图 5-42 （b) 所示为 Mg 封端-中心位堆垛界面结构的分波态密度曲线，与内层镁原子的电荷轨道相比较可以看到，第 1 层镁原子的电荷轨道在5~10eV 之间形成了一些新的较小的峰，而且其他位置的峰也发生了一些改变，这说明第 1 层镁原子与石墨烯中碳原子之间存在着相互作用力，但是在他们之间未发生明显的轨道共振现象，所以没有在界面处形成化学键。

5.3.5　Mg_2Si(111)/石墨烯(0001) 界面

图 5-43 所示为 Mg_2Si(111)/石墨烯(0001) 界面的界面模型和原子堆垛位

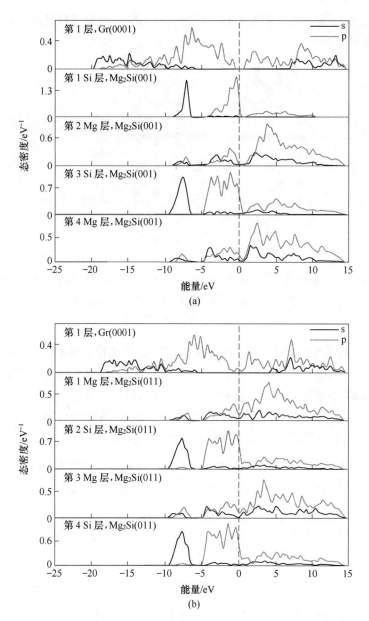

图 5-42 Mg₂Si(011)/石墨烯(0001) 界面的分波态密度曲线

(a) Si 封端-中心位堆垛；(b) Mg 封端-中心位堆垛

置。根据表面模型收敛性测试，选择 8 层 Mg 封端表面和 10 层 Si 封端表面与石墨烯(0001) 表面构建 Mg₂Si(111)/石墨烯(0001) 界面结构。构建界面模型时石墨烯(0001) 表面模型在 Mg₂Si(111) 表面模型上方。由于 8 层 Mg 封端表面和 10 层 Si 封端表面的表层原子层只有一种排列方式，所以本次建模不考虑界面原子堆垛顺序的影响。本次模拟构建了两种具有不同端面原子种类的界面模型，即 Mg 封端和 Si 封端。

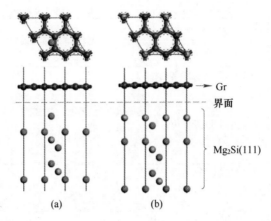

图 5-43 $Mg_2Si(111)$/石墨烯(0001) 界面原子堆垛位置和构建的界面模型
（图中绿色小球代表 Mg 原子，黄色小球代表 Si 原子，灰色小球代表 C 原子）
(a) Mg 封端；(b) Si 封端

表 5-19 所列为结构优化后两种 $Mg_2Si(111)$/石墨烯(0001) 界面的界面黏附功。根据表中数据所示，两种界面结构的稳定界面间距都比较大，界面黏附功比较小，按照成键键长分类，可以判断在 $Mg_2Si(111)$/石墨烯(0001) 界面存在的是强范德华力。比较两种界面的强度可以发现 Mg 封端界面具有较小的稳定界面间距和较大的界面黏附功，稳定性略高于 Si 封端界面。

表 5-19 弛豫后的 $Mg_2Si(111)$/石墨烯(0001) 界面间距及对应的界面黏附功、界面能

界面	界面间距 d_0 /nm	黏附功 W_{ad} /J·m^{-2}	界面能 γ_{int}（富 Mg） /J·m^{-2}	界面能 γ_{int}（贫 Mg） /J·m^{-2}
Mg 封端	0.3708	0.0286	4.32	6.68
Si 封端	0.4024	0.0158	8.35	5.97

通过式（5-22）计算得到两种 $Mg_2Si(111)$/石墨烯(0001) 界面的界面能在 $\Delta\mu_{Mg}$ 范围内的变化情况见表 5-19。可以看到 Mg 封端界面的界面能为 $4.32 \sim 6.68 J/m^2$，Si 封端界面的界面能为 $5.97 \sim 8.35 J/m^2$，两种界面的界面能都比较大，不利于形成稳定的界面结构。

图 5-44 (a) 所示为 Mg 封端界面的电荷差分密度图，可以看到石墨烯内部的碳原子之间存在较强的电荷积累区，说明石墨烯内的碳原子发生了电荷转移，形成了较强的共价键。界面镁原子层与石墨烯层相距较远，根据图 5-44 所示，界面镁原子周围的电荷分布几乎为圆形，说明石墨烯层对界面镁原子的影响较

小，同时也表明 Mg 封端界面中的 Mg_2Si 与石墨烯之间相互作用力较小。图 5-44（b）为 Si 封端界面的电荷差分密度图，图中石墨烯内部的碳原子之间同样存在较强的电荷积累区，不同的是，与石墨烯结合的硅原子层具有明显的区域化特征，硅原子周围的电荷表现出向石墨烯一侧转移的趋势，说明石墨烯与硅原子层之间存在着作用力。

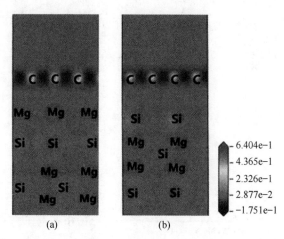

图 5-44　Mg_2Si（111）/石墨烯（0001）界面的电荷差分密度图

（a）Mg 封端；（b）Si 封端

图 5-45 所示为两种 Mg_2Si(111)/石墨烯（0001）界面的分波态密度曲线。图 5-45（a）所示为 Mg 封端界面中石墨烯与 Mg_2Si 中各原子的分波态密度曲线，对比不同层的镁原子的分波态密度曲线，可以看到界面附近的两层镁原子的态密度曲线发生了较大的变化。因为受到石墨烯的影响，第 1 层镁原子的态密度曲线与第 4 和第 5 层镁原子相比具有明显的变化。在 -2eV 附近，第 1 层镁原子的 p 轨道出现了一个新的峰，但是镁原子和碳原子的电子轨道之间没有发生轨道杂化，仅出现峰值升高，所以他们之间没有形成化学键，结合上述分析，可以判断在 Mg 封端界面中存在的是强范德华力。

图 5-45（b）为 Si 封端界面中石墨烯与 Mg_2Si 中各原子的分波态密度曲线。可以看到第 1 层硅原子与内层硅原子相比，分波态密度曲线发生了较大的变化，首先第 1 层硅原子在 -8eV 附近的峰值变得更高，另外，在 -1eV 附近形成了一个很高的孤立峰，而不是像内层硅原子的连续峰，根据这些现象可以发现，石墨烯中的碳原子与 Mg_2Si 中的硅原子之间发生了相互作用，第 1 层硅原子的峰值都升高，这可能是因为硅原子与碳原子之间存在着较强的相互作用力，然而硅原子与碳原子之间没有发生轨道杂化。所以，Si 封端界面中的石墨烯表面与 Mg_2Si 表面之间没有形成化学键，仅存在范德华力。

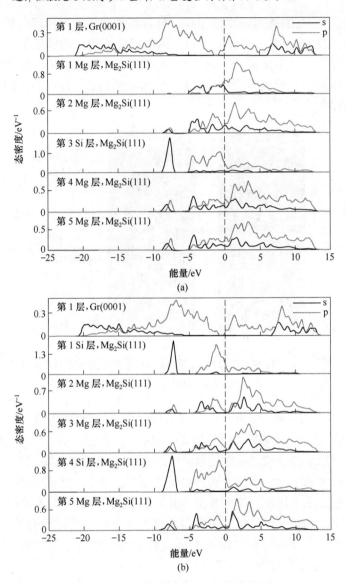

图 5-45 $Mg_2Si(111)$/石墨烯(0001) 界面的分波态密度曲线

(a) Mg 封端; (b) Si 封端

5.4 石墨烯/Al_4C_3 界面稳定性

5.4.1 界面强度计算方法

石墨烯/Al_4C_3 界面的界面黏附功计算公式如下:

$$W_{ad} = \frac{1}{A}\left(E_{完全弛豫}^{石墨烯} + E_{完全弛豫}^{Al_4C_3} - E_{完全弛豫}^{石墨烯/Al_4C_3}\right) \tag{5-23}$$

式中，$E_{完全弛豫}^{石墨烯}$、$E_{完全弛豫}^{Al_4C_3}$ 为完全弛豫后表面模型的总能量；$E_{完全弛豫}^{石墨烯/Al_4C_3}$ 为界面模型的总能量；A 是界面模型的面积。

石墨烯/Al₄C₃ 界面结构的界面能可以用下面公式计算：

$$\gamma = \frac{1}{A}\left[E_{完全弛豫} + \left(\frac{4}{3}N_{C,1} - N_{Al}\right)\mu_{Al} - \frac{1}{3}N_{C,1}\mu_{Al_4C_3}^{体相} - N_{C,2}\mu_{石墨烯}^{体相}\right] - \delta_{石墨烯} - \delta_{Al_4C_3} \tag{5-24}$$

式中，$E_{完全弛豫}$ 为石墨烯/Al₄C₃ 界面模型的总能量；$N_{C,1}$、$N_{C,2}$ 分别为 Al₄C₃ 和石墨烯表面模型中碳原子的数量；N_{Al} 为 Al₄C₃ 表面模型中铝原子的数量；$\mu_{石墨烯}^{体相}$ 为石墨烯表面模型中单个碳原子的化学势；$\delta_{石墨烯}$、$\delta_{Al_4C_3}$ 分别为石墨烯、Al₄C₃ 表面模型的表面能。

5.4.2 石墨烯(0001)/Al₄C₃(0001) 界面

图 5-46 所示为石墨烯(0001)/Al₄C₃(0001) 界面的原子堆垛位置和界面模型。用于构建 Al(001)/Al₄C₃(0001) 界面模型的石墨烯(001) 表面模型为单层，Al₄C₃(0001) 表面模型根据 5.2.1.2 小节收敛结果有两种，分别是 10 层厚度的 Al 封端表面和 12 层厚度的 C 封端表面，构建界面模型时 Al₄C₃(001) 表面模型在石墨烯(0001) 表面模型上。建立石墨烯(0001)/Al₄C₃(0001) 界面模型时，单层石墨烯放置在 Al₄C₃ 结构的上方，另外，考虑到端面原子的位置关系，每种端面原子组成的界面结构又分为两种不同的模型，分别为 AH、CH，其中 AH 表示 Al₄C₃ 内的 Al 原子正对着石墨烯六边形结构的中心位置，CH 表示 Al₄C₃ 内的

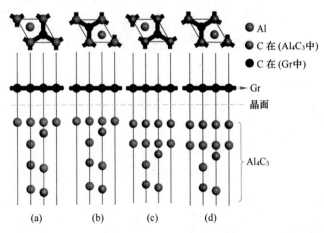

图 5-46 石墨烯(0001)/Al₄C₃(0001) 界面原子堆垛位置和构建的界面模型
(图中粉色小球代表 Al 原子，灰色小球代表 C 原子)
(a) Al 封端-AH 堆垛；(b) Al 封端-CH 堆垛；(c) C 封端-AH 堆垛；(d) C 封端-CH 堆垛

C 原子正对着石墨烯六边形结构的中心位置。

表 5-20 中给出了四种石墨烯（0001）/Al_4C_3（0001）界面弛豫后的界面间距（d_1）和界面结合能（W_{ad}）。为了比较弛豫前后界面结构的变化，表中也给出了弛豫前的界面间距（d_0），可以看到，弛豫后 Al 封端界面的界面间距比初始间距小，而 C 封端界面的界面间距有所增大，说明端面原子的种类对界面结构有较大的影响；界面模型对界面间距的影响较小。可以看到 Al 封端界面比 C 封端界面具有更大的界面结合能，其中 Al 封端-CH 堆垛界面具有四种界面中最大的界面结合能（6.28J/m^2）和最小的界面间距（0.202nm）。

表 5-20　结构弛豫后的石墨烯（0001）/Al_4C_3（0001）界面间距及对应的界面黏附功

封端	堆垛	d_0/nm	d_1/nm	W_{ad}/J·m^{-2}
Al	AH	0.311	0.205	5.98
	CH	0.311	0.202	6.28
C	AH	0.340	0.348	0.26
	CH	0.340	0.349	0.79

四种界面结构的界面能随 $\Delta\mu_{Al}$ 的变化关系如图 5-47 所示，结果表明，界面能的最大值和最小值均为-0.25J/m^2 和-2.29J/m^2。界面能量为负的界面在热力学中是不稳定的。当界面能的负值足够大时，它可以提供一个驱动力，促进靠近它的原子的界面扩散。这将导致界面合金化并形成新的界面相。因此，C 端界面有较高的进一步反应形成稳定界面的倾向。

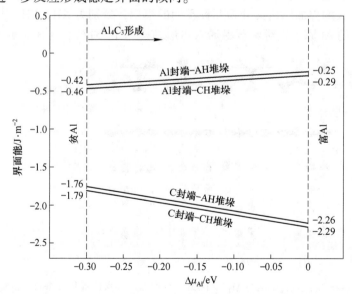

图 5-47　四种界面结构的界面能随 $\Delta\mu_{Al}$ 的变化关系

　　图 5-48 所示为石墨烯 (0001)/Al₄C₃(0001) 四种界面模型的电荷密度分布图。图 5-49 所示为石墨烯 (0001)/Al₄C₃(0001) 四种界面模型的电荷差分密度图。结果表明，端面原子种类对界面电荷分布有很大的影响，而端面原子位置关系对界面电荷分布影响很小，因为石墨烯层和 Al₄C₃ 层之间的间距较大，在界面处没有很明显的区域化特征，只靠电荷差分密度图像无法判断是否有化学键形成。对于 Al 终端界面，界面 Al 原子中存在着广泛的电荷聚集区域。丢失的电荷转移到石墨烯侧的界面 C 原子上，证明了 Al 端界面的某些离子特征。由于石墨烯层与 Al₄C₃ 层在 C 端界面的距离较大，界面处没有明显的区域化特征。

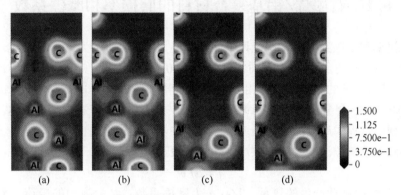

图 5-48　石墨烯(0001)/Al₄C₃(0001) 界面模型的电荷密度分布图

（a）Al 封端-AH 堆垛；（b）Al 封端-CH 堆垛；（c）C 封端-AH 堆垛；（d）C 封端-CH 堆垛

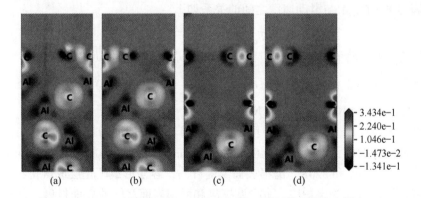

图 5-49　石墨烯(0001)/Al₄C₃(0001) 的电荷差分密度图

（a）Al 封端-AH 堆垛；（b）Al 封端-CH 堆垛；（c）C 封端-AH 堆垛；（d）C 封端-CH 堆垛

6 选择性激光熔化成形石墨烯/铝基复合材料摩擦磨损行为

6.1 石墨烯/铝基复合材料的磨损率和摩擦系数

磨损率和摩擦系数通常用于评估摩擦性能。图 6-1 所示为 AlSi10Mg 合金和石墨烯/AlSi10Mg 复合材料在不同滑动速度（0.03m/s 和 0.09m/s）和不同载荷（10N 和 30N）下的磨损率。在相同载荷下，滑动速度从 0.03m/s 增加到 0.09m/s 时，AlSi10Mg 合金和石墨烯/AlSi10Mg 复合材料的磨损率逐渐降低，这种结果归因于摩擦过程中产生的摩擦热。摩擦过程涉及做功和能量的相互转换。在滑动接触界面上每单位滑动时间摩擦产生热量的表达式为：

$$q = \mu F v \tag{6-1}$$

式中，q 为摩擦做功产生的热量，J/s；μ 为摩擦系数；F 为施加的载荷，N；v 为滑动速度，m/s。

滑动所产生的热量将增加滑动接触界面的温度。磨损表面在载荷作用下产生的最高温度（T_{max}）与滑动速度之间的关系如下：

$$T_{max} = T_0 + aF^{\frac{1}{4}}v^{\frac{1}{2}} \tag{6-2}$$

式中，T_{max} 为表面最高温度，K；F 为法向载荷，N；v 为滑动速度，m/s。

如果 $F^{\frac{1}{4}}v^{\frac{1}{2}} < 2.8$，$T_0 = 290K$，$a = 15.1$（$K \cdot s^{\frac{1}{2}}/(N^{\frac{1}{4}} \cdot m^{\frac{1}{2}})$）；如果 $F^{\frac{1}{4}}v^{\frac{1}{2}} > 2.8$，$T_0 = -191K$，$a = 210.5(K \cdot s^{\frac{1}{2}}/(N^{\frac{1}{4}} \cdot m^{\frac{1}{2}}))$。

根据式（6-1）和式（6-2）可以看出，随着滑动速度增加，摩擦热与温度增加。当载荷为 20N，滑动速度为 0.3m/s、0.6m/s 和 0.9m/s 时，磨损表面温度分别为 308K、315K 和 320K，磨损表面温度升高，容易形成硬化层或氧化物层，即机械混合层，可作为保护层，减少摩擦副和磨损表面之间的界面接触，从而提高材料的耐磨性。在相同的滑动速度下，磨损率随着载荷的增加而急剧下降。摩擦触点可由表观接触面积和实际接触面积定义。表观接触面积是实际接触的两个表面的凸起总面积。因此，实际接触面积总是小于表观接触面积。当表面受到法向载荷时，接触凸起发生塑性变形，实际接触面积随法向载荷的增加而增加，并向表观接触面积方向移动。导致磨损表面塑性变形增大，接触面积增加，使表面破坏严重，磨损率增加。从图 6-1 可以看出，石墨烯/AlSi10Mg 复合材料的耐磨性高于 AlSi10Mg 合金, 石墨烯有效改善了 AlSi10Mg 合金的耐磨性, 主要是由于石墨烯的强化效果及自润滑作用。当载荷一定时, 随着滑动速度增加, 石墨烯/AlSi10Mg 复合材料摩擦系数逐渐降低; 当滑动速度一定时, 随着载荷增加, 石墨烯/AlSi10Mg 的摩擦系数降低, 如图 6-2 所示。

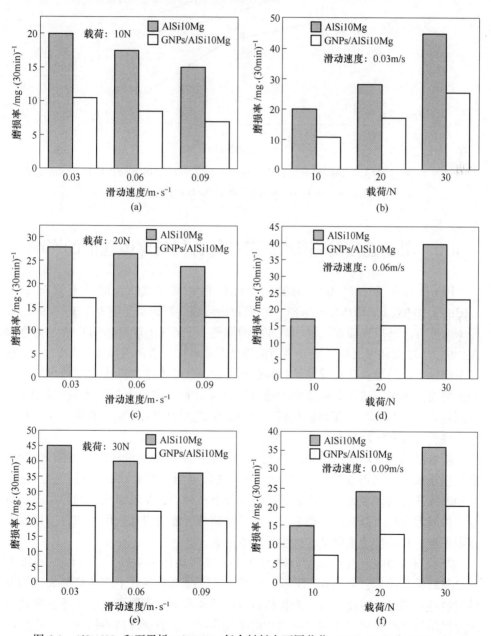

图 6-1　AlSi10Mg 和石墨烯/AlSi10Mg 复合材料在不同载荷 (10N、20N 和 30N) 和不同滑动速度下 (0.3m/s、0.6m/s 和 0.9m/s) 的磨损率

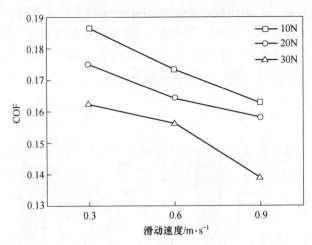

图 6-2 石墨烯/AlSi10Mg 复合材料在不同载荷下（10N、20N 和 30N）和不同滑动
速度下（0.3m/s、0.6m/s 和 0.9m/s）的摩擦系数

6.2 滑动速度对石墨烯/铝基复合材料摩擦性能的影响

图 6-3 所示为石墨烯/AlSi10Mg 复合材料在载荷 20N，滑动速度分别为 0.03m/s、0.06m/s 和 0.09m/s 时，磨损表面形貌。当滑动速度为 0.3m/s 时，平行于摩擦方向磨损表面有大量凹坑和深的沟槽，图 6-3（a）和（d）所示为摩擦表面的 3D 轮廓和表面粗糙度，表面粗糙且严重磨损，表面粗糙度为 2.77μm，这表明磨损表面的滑移深度较厚且材料脱落严重。这些凹槽的形成主要是由于材料碎屑的切削作用，这表明在低滑动速度下复合材料的主要磨损机理是磨料磨损。由图 6-4（a）可知，由于对偶材料和磨损表面之间的相对运动，石墨烯又具有自润滑性质，有利于降低磨损率。

随着滑动速度增加，凹槽逐渐变浅、变小，凹坑的数量和尺寸也随之减小，磨损损伤减小，如图 6-3（b）所示。当滑动速度增加到 0.09m/s 时，会产生大量的摩擦热，磨损表面存在大量分层裂纹和细小碎屑，呈现出典型的分层磨损特征。机械混合层可以保护磨损表面，降低磨损率。随着滑动速度增加，磨损表面逐渐平滑，粗糙度逐渐降低，发生了轻微的磨损。

当载荷为 20N，滑动速度分别为 0.03m/s 和 0.09m/s 时，石墨烯/AlSi10Mg 复合材料横截面形貌如图 6-5 所示。在干滑动摩擦磨损条件下，从磨损表面到基体材料存在明显的过渡区域，即机械混合层的横截面，不同滑动速度下，横截面过渡区的厚度存在明显不同。在摩擦磨损过程中，随着摩擦的不断进行，产生的摩擦热量使得试样表面温度升高，滑动速度不同，产生的摩擦热量也不同。当滑

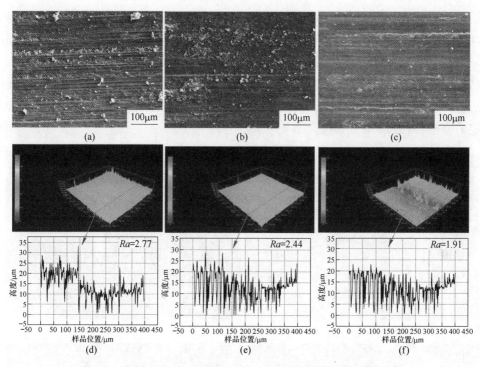

图 6-3 载荷 20N 下不同磨损速度下获得的磨损表面的三维形貌

（a）（d）0.3m/s；（b）（e）0.6m/s；（c）（f）0.9m/s

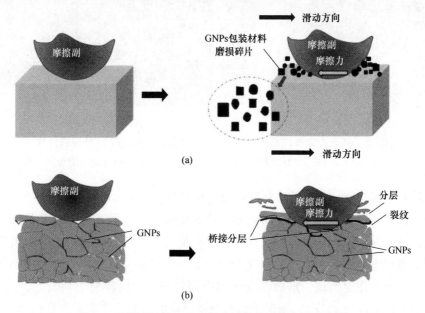

图 6-4 石墨烯/AlSi10Mg 复合材料的磨损机制示意图

（a）磨料磨损机制；（b）分层磨损机理

动速度较高时，单位时间内摩擦副做功越多，产生的摩擦热量越高，磨损表面温度升高越多，磨损表面氧化速率增加，从而形成了厚且稳定的机械混合层，如图6-5所示。滑动界面上厚而稳定的机械混合层防止了摩擦副直接接触基材表面，从而保护了复合材料，因此，在高滑动速度磨损条件下磨损率低，滑动界面光滑。图6-4（b）是分层磨损机制的示意图，石墨烯的强化作用在于形成相对稳定的摩擦层弥合亚表层裂纹。

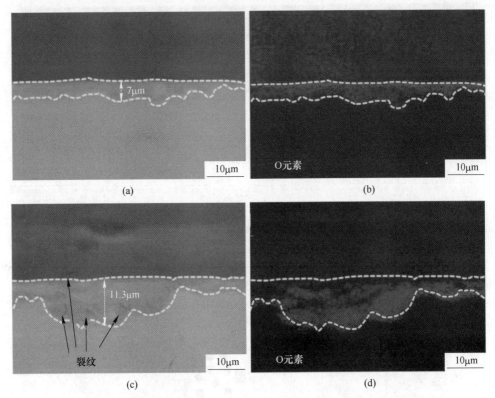

图 6-5　速度为 20N 时石墨烯/AlSi10Mg 复合材料截面的 SEM 显微照片
（a）（b）0.3m/s 和 O 元素的面分布；（c）（d）0.9m/s 和 O 元素的面分布

图 6-6（a）和（b）所示为石墨烯/AlSi10Mg 复合材料在载荷 20N，滑动速度为 0.03m/s 和 0.09m/s 时，磨损碎片的微观形貌。当滑动速度较低时，碎屑尺寸为 2~18μm，主要是磨损表面的硬质磨屑颗粒作为第三体磨料产生了微切割，呈现了磨料磨损特征。当滑动速度为 0.09m/s 时，碎屑尺寸为 100~200μm，主要由于发生了分层磨损，形成了大片的磨损碎屑，此时碎屑表面氧元素含量较高，如图 6-6（c）和（d）所示，随着滑动速度的增加，产生了大量热量，促进了磨损表面的氧化。在低滑动速度下，磨损状态为中等摩擦，伴随磨料磨损和氧

化磨损。然而，在高速滑动条件下，磨损机制变为轻微磨损，主要是在高滑动速度下形成较厚的机械混合层，显著提高复合材料的耐磨性。

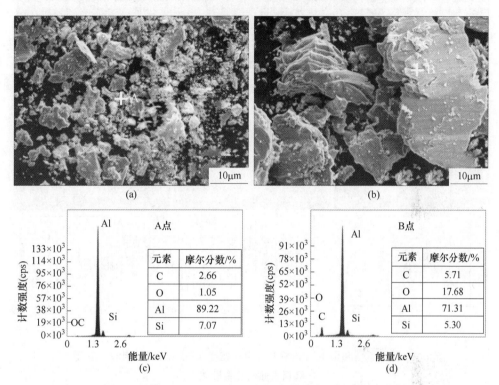

图 6-6　石墨烯/AlSi10Mg 复合材料的磨损碎片的微观形貌图
（载荷 20N，滑动速度分别为 0.3m/s 和 0.9m/s）
（a）（b）微观形貌图；（c）（d）位置 A、B 的 EDS 分析

6.3　载荷对石墨烯/铝基复合材料摩擦性能的影响

当滑动速度为 0.06m/s，载荷分别为 10N 和 30N 时，石墨烯/AlSi10Mg 复合材料磨损表面形貌如图 6-7 所示。当载荷较小时，沿滑动方向磨损表面存在深磨损凹槽和犁沟以及轻微的塑性变形，呈现出磨料磨损的特征。在摩擦磨损实验过程中，摩擦的不断进行，一些硬质颗粒由于挤压或者相对运动会对接触面的表面产生材料的脱落和磨损现象。磨料磨损过程中存在塑性变形和断裂两种特定机理，当磨粒较圆钝或材料表面塑性较高时，磨料划过时，仅有沟槽产生，沟槽材料沿着沟槽两侧发生堆积，随后进行的摩擦实验又会将堆积的碎屑部分压平，如此往复，外力作用使得裂纹形成，并引起剥落。

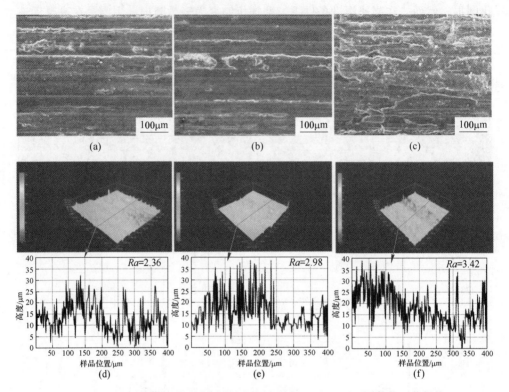

图 6-7 石墨烯/AlSi10Mg 复合材料在滑动速度 0.6m/s 下不同载荷下获得的
磨损表面的三维形貌

(a) (d) 10N; (b) (e) 20N; (c) (f) 30N

磨料磨损可用下式计算：

$$P = 3\sigma_{sc}\pi r^2 = H\pi r^2 \tag{6-3}$$

被切削下来的软材料体积，即为磨损量 W，可表示为：

$$W = \frac{1}{2} \times 2r \times r\tan\theta \times L = r^2 \times L \times \tan\theta \tag{6-4}$$

将 $r^2 = \dfrac{P}{\pi H} = \dfrac{P}{3\sigma_{sc}\pi}$ 代入上式得，可表示为：

$$W = \frac{PL\tan\theta}{3\pi\sigma_{sc}} \approx K\frac{PL\tan\theta}{H} \tag{6-5}$$

式中，K 为系数。

当零件表面材料的硬度低于磨粒的硬度时，在外力的作用下，磨粒被压入材料的表面，形成凹坑。当第二磨粒接着再被压入凹坑时，又重复发生上述现象，如此反复发生塑性变形及加工硬化，使材料逐渐硬化而发生脆性剥落，最后成为碎屑。磨料磨损的机理是一种属于磨料颗粒之间的机械作用，与磨料的相对硬度、形状、大小、固定程度，以及载荷作用下磨粒与被磨表面的力学性能在很大程度上有直接关系。

随着载荷增加，磨损表面出现了沟槽和大面积剥离，当法向载荷增加到 30N时，表面塑性变形严重，明显分层，更加粗糙，如图 6-7（d）~（f）所示。由于摩擦副与石墨烯/AlSi10Mg 复合材料试样在摩擦磨损过程中不断发生对磨，所以在试样表面会产生很大的压缩应力和剪切应力。在压缩应力和剪切应力的作用下，摩擦副深入到试样表面，并对其产生挤压和剪切，使试样表面发生严重的塑性变形和犁削，试样表面材料因此被破坏，变得更加粗糙。随着法向载荷的增加，摩擦磨损机制从磨料磨损机制变为分层磨损机制，并发生塑性变形。

图 6-8 所示为在滑动速度为 0.6m/s 和法向载荷分别为 10N 和 30N 时，复合材料的磨损碎屑形态。在低载荷下，磨损碎屑不规则且细小，尺寸为 6~40μm，主要磨损方式是磨料磨损，并伴有轻微的塑性变形，如图 6-8（a）所示。然而，在高载荷作用下，碎屑呈大片状，尺寸为 50~210μm，如图 6-8（b）所示。随着法向载荷的增加，磨损机理从磨料磨损转变为分层磨损。在较高的法向载荷作用下，石墨烯/AlSi10Mg 复合材料的主要磨损方式是分层磨损和氧化磨损。

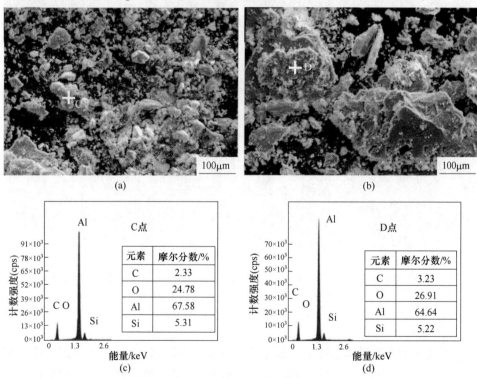

图 6-8　磨损速度为 0.6m/s 时的磨屑的 SEM 图

（a）10N；（b）30N；（c）点 C 的氧含量分析；（d）点 D 的氧含量分析

6.4　石墨烯对石墨烯/铝基复合材料摩擦性能的影响

图6-9 所示为 AlSi10Mg 合金和石墨烯/AlSi10Mg 复合材料在法向载荷为 30N，滑动速度为 0.9m/s 时的磨损表面形貌。AlSi10Mg 合金表面分层严重，机械混层在磨损区剥落。然而，石墨烯/AlSi10Mg 磨损表面的磨损痕迹较浅，磨损表面上仅有少量磨损碎屑。石墨烯/AlSi10Mg 复合材料在摩擦磨损过程中，机械混合层致密，由于石墨烯的自润滑作用，以及对位错的钉扎作用，在一定程度上减少机械混合层裂纹的形成，从而提高了机械混合层的保护作用。

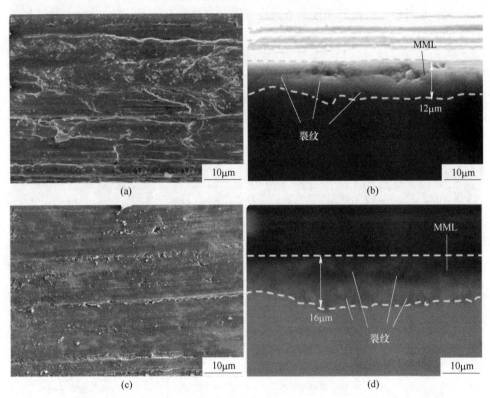

图 6-9　AlSi10Mg 和石墨烯/AlSi10Mg 在 30N 和 0.9m/s 下的表面形貌及截面形貌
(a) AlSi10Mg，表面形貌；(b) AlSi10Mg，截面形貌；(c) 石墨烯/AlSi10Mg，表面形貌；
(d) 石墨烯/AlSi10Mg，截面形貌

在高载荷和高滑动速度下，加工硬化现象非常显著。在 30 N 的法向载荷和 0.09m/s 的滑动速度下，AlSi10Mg 合金和石墨烯/AlSi10Mg 复合材料的磨损表面硬度如图 6-10 所示。石墨烯/AlSi10Mg 复合材料磨损表面显微硬度明显高于 AlSi10Mg 合金，产生上述现象主要有以下几个原因：一是复合材料中均匀分散的

石墨烯阻碍了位错运动，起到了强化作用，提高了复合材料的耐磨性。二是石墨烯/AlSi10Mg 复合材料在高载荷下产生的摩擦热有利于形成厚而稳定的机械混合层，从而减少了对偶材料与磨损表面之间的接触，降低了磨损率并提高了复合材料的耐磨性。三是石墨烯的自润滑性能有利于改善层间滑动，并有效降低了磨损过程中的摩擦。

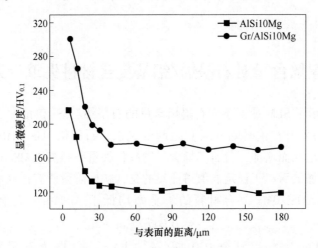

图 6-10　AlSi10Mg 和石墨烯/AlSi10Mg 复合材料在摩擦磨损后亚表面的显微硬度图
（磨损速度为 0.9m/s，载荷为 30N）

7 选择性激光熔化成形石墨烯/铝基复合材料腐蚀行为

7.1 石墨烯含量对石墨烯/铝基复合材料失重行为的影响

图 7-1 显示了 SLM 成形不同石墨烯含量的石墨烯/AlSi10Mg 复合材料的失重率（g/(m²·h)）和浸泡时间（天）之间的关系，石墨烯/AlSi10Mg 复合材料的失重率随时间增加而增加，且石墨烯含量越高，失重率越高。AlSi10Mg 合金的失重率随时间先增加后趋于稳定。值得注意的是，初始阶段所有样品的失重率都很低，且石墨烯/AlSi10Mg 复合材料的失重率均低于 AlSi10Mg 合金（$V_{\text{AlSi10Mg}} = 0.013\text{g}/(\text{m}^2 \cdot \text{h})$，$V_{0.1\%\text{GNPs/AlSi10Mg}} = 0.006\text{g}/(\text{m}^2 \cdot \text{h})$，$V_{0.3\%\text{GNPs/AlSi10Mg}} = 0.0085\text{g}/(\text{m}^2 \cdot \text{h})$，$V_{0.5\%\text{GNPs/AlSi10Mg}} = 0.011\text{g}/(\text{m}^2 \cdot \text{h})$），表明初始阶段复合材料耐腐蚀性能好。在 1 个月内，石墨烯/AlSi10Mg 复合材料的失重率小于 AlSi10Mg 合金，腐蚀 50 天后，$V_{0.1\%\text{GNPs/AlSi10Mg}}$ 的失重率开始高于 V_{AlSi10Mg}，这表明随着腐蚀时间的增加，两者的腐蚀速率发生显著变化。此外，AlSi10Mg 合金的失重率随着时间的增加而趋于稳定。因此，可以确定，与 SLM 成形的 AlSi10Mg 合金相比，

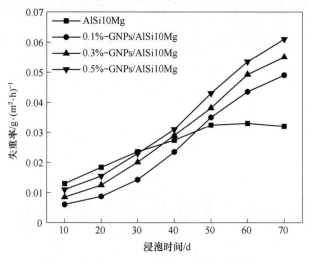

图 7-1 SLM 成形石墨烯/AlSi10Mg 复合材料在 3.5%NaCl 溶液（质量分数）中的失重率与浸泡时间的关系

石墨烯/AlSi10Mg 复合材料在长期的腐蚀环境中腐蚀速率越来越高，且石墨烯的含量越高，耐腐蚀性能越差，当复合材料经过 50 天的腐蚀后，石墨烯的添加会恶化石墨烯/AlSi10Mg 复合材料的耐腐蚀性。这是由于石墨烯纳米片相对于基体是阴极，从而导致电解质存在时形成电偶腐蚀。

图 7-2 所示为 SLM 成形石墨烯/AlSi10Mg 复合材料腐蚀 50 天后表面微观形貌。AlSi10Mg 合金表面主要由分布不均匀的疏松浅灰色腐蚀产物组成，如图 7-2 (a) 所示为 AlSi10Mg 合金表面的腐蚀产物疏松多孔，溶液中的腐蚀性离子 (Cl⁻) 容易击穿氧化膜。0.1%石墨烯/AlSi10Mg 复合材料表面均匀分布着大小不同的腐蚀碎屑，如图 7-2 (b) 所示。当石墨烯含量（质量分数）增加到 0.3%和 0.5%时，腐蚀产物呈分布不均的块状，出现明显孔洞和裂纹，如图 7-2 (c) 和 (d) 所示。

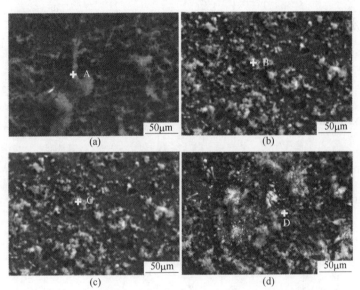

图 7-2　SLM 成形石墨烯/AlSi10Mg 复合材料在 3.5%NaCl 溶液（质量分数）中的微观形貌
(a) AlSi10Mg 合金；(b) 0.1%石墨烯/AlSi10Mg 复合材料；(c) 0.3%石墨烯/AlSi10Mg 复合材料；
(d) 0.5%石墨烯/AlSi10Mg 复合材料

腐蚀产物中包含 O、Na、Al、Si、Cl 元素（见图 7-3），结合 XRD 分析结果（见图 7-4），腐蚀产物由 Al_2O_3 和 NaCl 组成。在电解质中，阴极发生氧化还原反应：

$$O_2 + 2H_2O + 4e \longrightarrow 4OH^- \tag{7-1}$$

阳极发生溶解反应：

$$Al \longrightarrow 3Al^+ + 3e \tag{7-2}$$

溶液中 Al^{3+} 与 OH^- 发生反应，在样品表面生成氢氧化铝吸附层：

$$Al^{3+} + 3OH^- \longrightarrow Al(OH)_3 + 3e \tag{7-3}$$

随后部分氢氧化铝发生分解生成 Al_2O_3 和 H_2：

$$Al(OH)_3 \longrightarrow Al_2O_3 + H_2 \tag{7-4}$$

随着石墨烯含量增加，Al_2O_3 相衍射峰强度增加，Al_2O_3 逐渐增多。

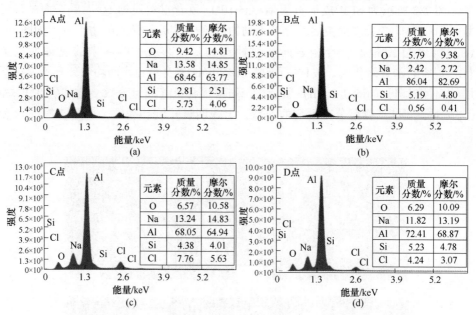

图 7-3 图 7-2 中 SLM 成形石墨烯/AlSi10Mg 复合材料的腐蚀产物的 EDS 点扫描分析结果
（a）AlSi10Mg 合金；（b）0.1%石墨烯/AlSi10Mg 复合材料；（c）0.3%石墨烯/AlSi10Mg 复合材料；
（d）0.5%石墨烯/AlSi10Mg 复合材料

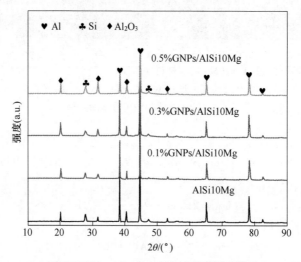

图 7-4 SLM 成形石墨烯/AlSi10Mg 复合材料腐蚀产物的 XRD 衍射图

图 7-5 所示为 SLM 成形石墨烯/AlSi10Mg 复合材料腐蚀 60 天表面形貌，AlSi10Mg 合金腐蚀产物层疏松多孔，腐蚀性氯离子渗透过腐蚀产物并破坏了下方的铝基体，样品表面均匀腐蚀，腐蚀扩展缓慢，如图 7-5（a）所示。0.1%石墨烯/AlSi10Mg（质量分数）复合材料表面可见裂缝横穿厚而致密的腐蚀产物层，腐蚀介质沿着裂缝向基体中扩展，如图 7-5（b）所示。随着石墨烯含量增加，腐蚀产物层产生更多的疏松多孔，更易脱落，腐蚀破坏程度增加，如图 7-5（c）和（d）所示。经过 60 天的腐蚀后，石墨烯的"屏障"作用破坏，腐蚀介质侵蚀基体后，石墨烯充当阴极，随着石墨烯含量增加，试样腐蚀速率增加，耐腐蚀性能逐渐变差。

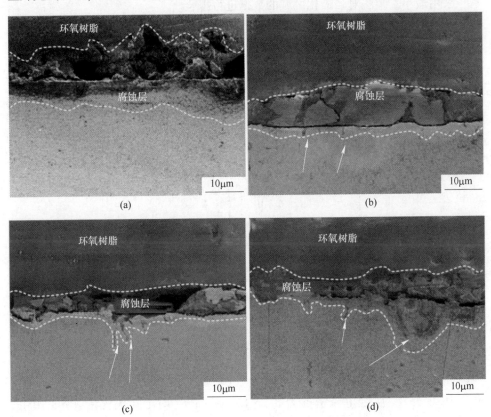

图 7-5 SLM 成形石墨烯/AlSi10Mg 复合材料的横截面微观形貌

（a）AlSi10Mg 合金；（b）0.1%石墨烯/AlSi10Mg 复合材料；
（c）0.3%石墨烯/AlSi10Mg 复合材料；（d）0.5%石墨烯/AlSi10Mg 复合材料

7.2 石墨烯含量对石墨烯/铝基复合材料动电位极化行为的影响

图 7-6 所示为 SLM 成形石墨烯/AlSi10Mg 复合材料在 3.5% NaCl 溶液（质

量分数）中的动电位极化曲线。极化曲线是表征金属或合金腐蚀过程的动力学过程的有效手段之一，主要的表征参数包括：腐蚀电位、自腐蚀电流、点蚀电位等动力学参数。线性极化条件下的极化电流与电极电位之间符合 Stern-Geary 方程：

$$i_{corr} = \frac{\beta_a \beta_c}{2.303 R_p (\beta_a + \beta_c)} \tag{7-5}$$

式中，R_p 为极化电阻；β_a 为阳极塔费尔斜率；β_c 为阴极塔费尔斜率。

采用最小二乘法对强极化区域的数据进行拟合。

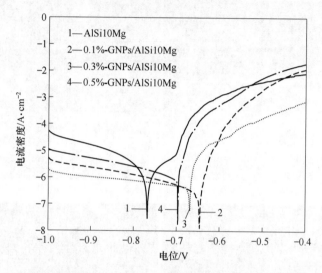

图 7-6　SLM 成形石墨烯/AlSi10Mg 复合材料在 3.5% 的 NaCl 溶液（质量分数）
中的动电位极化曲线

表 7-1 列出了 SLM 成形不同石墨烯含量的石墨烯/AlSi10Mg 复合材料的腐蚀电流密度（I_{corr}）和腐蚀电位（E_{corr}）。0.1% 石墨烯/AlSi10Mg 复合材料的腐蚀电位为 -0.65V，腐蚀电流密度为 3.2×10^{-7} A/cm²，均比其他含量（AlSi10Mg、0.3% 石墨烯/AlSi10Mg 和 0.5% 石墨烯/AlSi10Mg）的小一个数量级。一般来说，较小的 I_{corr} 值意味着腐蚀速率较慢，耐腐蚀性能较强。因此，0.1% 石墨烯/AlSi10Mg 复合材料的耐腐蚀性最好。随着石墨烯含量的增加，腐蚀电流密度逐渐增加，样品的腐蚀速率增加，耐腐蚀性能下降。从表中数据还可以看出，尽管石墨烯的团聚会造成耐腐蚀性能的下降，但仍比 AlSi10Mg 合金的耐腐蚀性能好，主要是由于石墨烯在复合材料中作为腐蚀性离子的屏障，阻碍了腐蚀性离子的扩散和腐蚀。

表 7-1　SLM 成形石墨烯/AlSi10Mg 复合材料在 3.5%NaCl 溶液（质量分数）中的拟合结果

样品（质量分数）	$I_{corr}/A \cdot cm^{-2}$	E_{corr}/V
AlSi10Mg	1.8×10^{-6}	−0.77
0.1%石墨烯/AlSi10Mg	3.2×10^{-7}	−0.65
0.3%石墨烯/AlSi10Mg	0.9×10^{-6}	−0.67
0.5%石墨烯/AlSi10Mg	1.25×10^{-6}	−0.71

　　图 7-7 所示为 SLM 成形不同石墨烯含量的石墨烯/AlSi10Mg 复合材料在 3.5% NaCl 溶液（质量分数）中的电化学极化曲线测试后的腐蚀形貌图。AlSi10Mg 合金表面产生了大小不一的点蚀孔（见图 7-7（a）），点蚀孔为网状结构（见图 7-7（b））。0.1%石墨烯/AlSi10Mg 复合材料电化学腐蚀后表面光滑，有轻微的点蚀孔，存在大面积未腐蚀区域（见图 7-7（c））。随着石墨烯含量的增加，点蚀孔越来越多，如图 7-7（d）所示。当石墨烯含量增加到 0.5%时，由于石墨烯纳米片的团聚和氢气孔，表面点蚀孔增加，如图 7-7（e）所示。然而，复合材料的极化曲线并没有出现点蚀特征，主要是石墨烯充当了复合材料表面腐

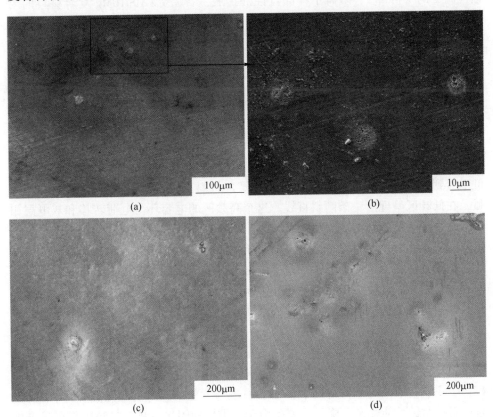

(a)　　　　　　　　　　　(b)

(c)　　　　　　　　　　　(d)

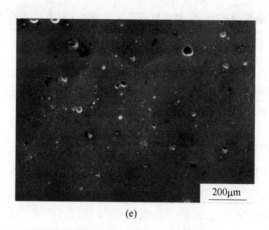

(e)

图 7-7　SLM 成形石墨烯/AlSi10Mg 复合材料在 3.5% NaCl 溶液（质量分数）中的
电化学极化曲线测试后的形貌
(a)（b）AlSi10Mg 合金；(c) 0.1%石墨烯/AlSi10Mg 复合材料；
(d) 0.3%石墨烯/AlSi10Mg 复合材料；(e) 0.5%石墨烯/AlSi10Mg 复合材料

蚀性离子的"屏障"，阻碍了样品点蚀的扩展，石墨烯/AlSi10Mg 复合材料的耐蚀性均比 AlSi10Mg 合金的耐蚀性好。

7.3　石墨烯含量对石墨烯/铝基复合材料电化学阻抗的影响

　　为了研究石墨烯含量对石墨烯/AlSi10Mg 复合材料耐蚀性的影响，采用 EIS 技术对复合材料在 3.5% NaCl 溶液中腐蚀行为进行研究。图 7-8 所示为 SLM 成形石墨烯/AlSi10Mg 复合材料在常温下的阻抗谱图及对应的拟合结果。图 7-8（a）的奈奎斯特图中横纵坐标分别代表线性范围内阻抗的实部（Z'）和虚部（Z''），可以看到 SLM 成形的石墨烯/AlSi10Mg 复合材料在高频区呈现出一个电容性电弧，在低频区呈现出一条倾斜直线。这个高频区的电容环与电荷转移和双电层相关，是由于电荷转移电阻（R_t）和双电层界面电容（C_{dl}）在 Cl⁻ 作用下产生的电阻-电容弛豫过程引起的，而界面阻抗的频散和吸附物质在铝合金上的不均匀性使它们受到抑制，从而影响腐蚀速率。尾部倾斜的直线表示 Warburg 阻抗，与扩散相关。因此，SLM 成形石墨烯/AlSi10Mg 复合材料的溶解同时受到电荷转移过程和扩散过程的影响。随着石墨烯含量的增加，高频电容环的半径先增大后减小。通常，电容环半径越大，阻抗越大，腐蚀反应阻力越大，耐腐蚀性越好，这表明 0.1%石墨烯/AlSi10Mg 复合材料的耐蚀性最好，主要是由于石墨烯细化了合金晶粒，促进样品表面形成致密且坚硬的保护膜；石墨烯具有较大的比表面积，阻止了腐蚀液对基体的腐蚀。随着石墨烯含量的增加，石墨烯/AlSi10Mg 复合材料耐腐蚀性能逐渐下降，主要是由于石墨烯的团聚，复合材料内部容易产生孔洞等缺陷, 利于腐蚀性离子的侵蚀和扩散。图 7-8 (b) 为波特图, 四个样品均在中频位置显示有峰, 相角接近 70°~80°, 表示在合金表面上形成了完整的氧化膜。同时, 四种样品均在低频下出现一个小峰, 这主要与絮凝剂 Al(OH)$_3$ 在合金表面存在有关, 该絮凝剂充当有限扩散层并限制了氯离子 (Cl$^-$) 在铝合金上的迁移, 抑制了电荷转移过程。一般来说, 波特图在低频区阻抗代表着样品中总的阻抗, 表征样品的耐蚀性, 高频区极限的阻抗代表着溶液电阻。从波特图 7-8 (c)可以看到, 在低频区, 总阻抗模值的大小依次为 0.1%石墨烯/AlSi10Mg>0.3%石墨烯/AlSi10Mg>0.5%石墨烯/AlSi10Mg>AlSi10Mg。不同样品在高频区的阻抗值汇集于一点, 表明溶液电阻的稳定性和一致性。

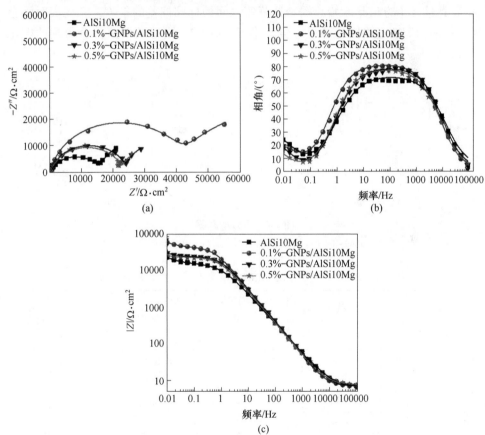

图 7-8　SLM 成形石墨烯/AlSi10Mg 复合材料 3.5% NaCl 溶液 (质量分数) 中的
电化学阻抗谱拟合结果
(a) 奈奎斯特图; (b) (c) 波特图

　　图 7-9 中等效电路模型用于拟合不同样品的电化学阻抗谱数据, 以分析样品的腐蚀过程。采用具有两个时间常数的等效电路模型来拟合 SLM 成形石墨烯/

AlSi10Mg 复合材料。该电路由溶液电阻（R_s）、膜电阻（R_f）、电荷转移电阻（R_t）、Warburg 阻抗（R_W）、薄膜电容（C_f）和双层恒相位元件（CPE_{dl}）组成。在拟合电路中，由于不均匀电极的非理想电容行为，使用了恒定相位元 CPE_{dl} 替代了理想的双层电容（C_{dl}）。理想的双层电容（C_{dl}）为：

$$C_{dl} = Y_0^{1/n} \left(\frac{1}{R_s} + \frac{1}{R_{ct}} \right)^{(1-n)/n} \tag{7-6}$$

式中，Y_0 为 CPE 模值，指数 n（$-1 \leqslant n \leqslant 1$）与时间常数的分布有关。

同时表明 R_f 和 R_t 分别对应于样品氧化膜电阻和电荷转移电阻；R_W 为与线性半无限扩散过程有关的 Warburg 阻抗，拟合质量通过 ZSimpWin 软件的卡方值（χ^2）评估。卡方值是原始数据和计算值之间的标准偏差的平方，它代表对贴合度的评估。等效电路模型的卡方值均小于 1×10^{-3}。由等效电路拟合得到的电化学参数见表 7-2。

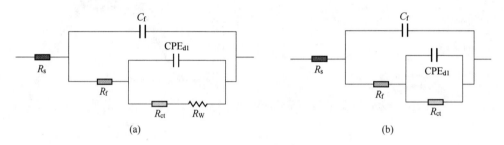

图 7-9　等效电路图

（a）Warburg-Randles 组合等效电路模型；（b）Randles 等效电路模型

表 7-2　SLM 成形石墨烯/AlSi10Mg 复合材料的 EIS 拟合结果

参　数	SLM/AlSi10Mg	0.1%石墨烯/AlSi10Mg	0.3%石墨烯/AlSi10Mg	0.5%石墨烯/AlSi10Mg
$R_s/\Omega \cdot cm^2$	6.53	6.77	6.68	7.62
$Y\text{-}Q_f/\Omega^{-1} \cdot cm^{-2} \cdot s^n$	1.42×10^{-5}	7.44×10^{-6}	8.16×10^{-6}	9.52×10^{-6}
$n_f\text{-}Q_f$	0.82	0.91	0.88	0.88
$R_f/\Omega \cdot cm^2$	1.58×10^4	4.33×10^4	2.46×10^4	2.32×10^4
$Y\text{-}Q_{dl}/\Omega^{-1} \cdot cm^{-2} \cdot s^n$	7.84×10^{-4}	3.6×10^{-4}	1.43×10^{-3}	2.47×10^{-3}
$n_{dl}\text{-}Q_{dl}$	0.79	0.82	0.993	1
$R_t/\Omega \cdot cm^2$	4.6×10^4	5.75×10^5	2.18×10^5	1.57×10^4
$R_W/\Omega \cdot cm^2 \cdot s^{0.5}$	5.97	0.001	1.72×10^5	7.23×10^5
χ^2	1.71×10^{-3}	9.34×10^{-4}	8.16×10^{-4}	1.87×10^{-3}

注：Y 为比例因子；n 为相比于纯电容元件的相移；R_s 为溶液电阻；R_f 为钝化膜电阻；R_t 为电荷转移电阻；R_W 为 Warburg 电阻，即扩散电阻；Q_f 对应着表面膜结构；Q_{dl} 对应着双电层结构。

随着石墨烯含量增加，膜电阻 R_f 和电荷转移电阻 R_t 的值先增加后减小。0.1%石墨烯/AlSi10Mg 复合材料的膜电阻 R_f 和电荷转移电阻 R_t 分别为 $4.33 \times 10^4 \ \Omega \cdot cm^2$ 和 $5.75 \times 10^5 \Omega \cdot cm^2$。与 SLM 成形的 AlSi10Mg 合金（膜电阻 R_f 和电荷转移电阻 R_t 分别为 $1.58 \times 10^4 \ \Omega \cdot cm^2$ 和 $4.6 \times 10^4 \ \Omega \cdot cm^2$）相比，复合材料的样品具有更高的电阻。随着石墨烯含量增加，膜电阻 R_f 和电荷转移电阻 R_t 呈降低趋势，复合材料在 NaCl 溶液中的耐腐蚀性降低。

图 7-10 所示为 SLM 成形石墨烯/AlSi10Mg 复合材料在常温下 3.5% NaCl 溶液（质量分数）中暴露 50 天后的阻抗谱图，拟合电路图（见图 7-9（a））和对应的拟合结果见表 7-3。随着腐蚀时间的增加，材料的耐腐蚀性能均发生显著变化，电容弧的半径显著降低。在中低频处的峰值范围减少，表明样品表面氧化膜的变化，如图 7-10（c）所示。在低频处的峰值显著降低，表明扩散影响显著减小。

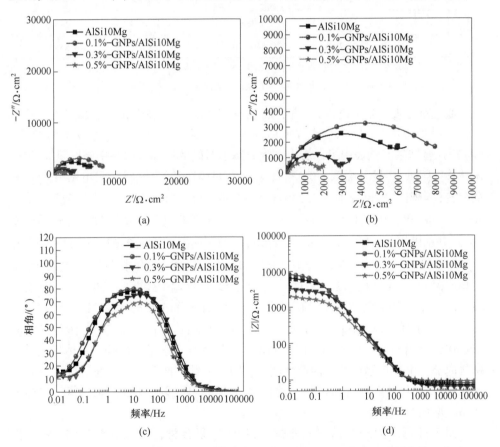

图 7-10　SLM 成形石墨烯/AlSi10Mg 复合材料在 3.5% NaCl 溶液（质量分数）中
浸泡 50 天后的电化学阻抗谱拟合结果
（a）（b）奈奎斯特图；（c）（d）波特图

表 7-3　SLM 成形石墨烯/AlSi10M g 复合材料暴露在 3.5%NaCl 溶液（质量分数）**中**
50 天后拟合结果

参　数	SLM/AlSi10Mg	0.1%石墨烯/AlSi10Mg	0.3%石墨烯/AlSi10Mg	0.5%石墨烯/AlSi10Mg
$R_s/\Omega \cdot cm^2$	7.02	7.81	6.35	8.86
$Y\text{-}Q_f/\Omega^{-1} \cdot cm^{-2} \cdot s^n$	1.33×10^{-4}	1.39×10^{-4}	1.24×10^{-4}	1.84×10^{-4}
$n_f\text{-}Q_f$	0.93	0.93	0.91	0.91
$R_f/\Omega \cdot cm^2$	2.64×10^3	4.63×10^3	1.13×10^3	657
$Y\text{-}Q_{dl}/\Omega^{-1} \cdot cm^{-2} \cdot s^n$	3.51×10^{-5}	2.18×10^{-4}	1.28×10^{-5}	1.77×10^{-4}
$n_{dl}\text{-}Q_{dl}$	0.86	0.87	0.65	0.97
$R_t/k\Omega \cdot cm^2$	2.76×10^3	3.07×10^3	1.66×10^3	1000
$R_W/\Omega \cdot cm^2 \cdot s^{0.5}$	2.17×10^{-3}	3.38×10^{-3}	4.7×10^{-3}	7.14×10^{-3}
χ^2	6.17×10^{-4}	5.08×10^{-4}	7.47×10^{-4}	3.85×10^{-4}

注：Y 为比例因子；n 为相比于纯电容元件的相移；R_s 为溶液电阻；R_f 为钝化膜电阻；R_t 为电荷转移电阻；R_W 为 Warburg 电阻，即扩散电阻；Q_f 对应着表面膜结构；Q_{dl} 对应着双电层结构。

通过对比表 7-2 和表 7-3 可知，腐蚀 50 天后，样品在低频处的总阻抗下降显著，如图 7-10（d）所示。表 7-3 所示为腐蚀 50 天后的等效电路（见图 7-9（a））拟合结果。从表中可以看出，随着腐蚀时间的增加，样品中膜电阻 R_f 和电荷转移电阻 R_t 均显著降低。0.1%石墨烯/AlSi10Mg 复合材料的膜电阻（R_f）和电荷转移电阻（R_t）分别由 $4.33\times10^4\Omega \cdot cm^2$ 和 $5.75\times10^5\Omega \cdot cm^2$ 降低到 $4.63\times10^3\Omega \cdot cm^2$ 和 $3.07\times10^3\Omega \cdot cm^2$。AlSi10Mg 合金的膜电阻（$R_f$）和电荷转移电阻（$R_t$）分别由 $1.58\times10^4 \Omega \cdot cm^2$ 和 $4.6\times10^4 \Omega \cdot cm^2$ 降低到 $2.64\times10^3 \Omega \cdot cm^2$ 和 $2.76\times10^3\Omega \cdot cm^2$。0.3%石墨烯/AlSi10Mg 的膜电阻 R_f 和电荷转移电阻 R_t 由 $2.46\times10^4 \Omega \cdot cm^2$ 和 $2.18\times10^5 \Omega \cdot cm^2$ 降低到 $1.13\times10^3\Omega \cdot cm^2$ 和 $1.66\times10^3\Omega \cdot cm^2$。0.5%石墨烯/AlSi10Mg 的膜电阻 R_f 和电荷转移电阻 R_t 由 $2.32\times10^4 \Omega \cdot cm^2$ 和 $1.57\times10^4\Omega \cdot cm^2$ 降低到 $657\Omega \cdot cm^2$ 和 $1000\Omega \cdot cm^2$。对于 0.1%石墨烯/AlSi10Mg 复合材料，随着腐蚀时间的增加，腐蚀性离子沿石墨烯与基体界面进入材料内部，由于石墨烯的抗渗透性能好，阻碍腐蚀扩散路径，延缓腐蚀。当石墨烯含量较高时，随着腐蚀时间的增加，石墨烯的团聚降低了其抗渗透性，导致腐蚀路径增加。

图 7-11 所示为 SLM 成形石墨烯/AlSi10Mg 复合材料常温下在 3.5% NaCl 溶液（质量分数）中暴露 60 天后的阻抗谱图及对应的等效电路（见图 7-9（b））拟合结果，如表 7-4 所示。图 7-11（a）为奈奎斯特图，随着腐蚀时间的增加，电容环的直径越来越小，即耐腐蚀性能进一步减弱。

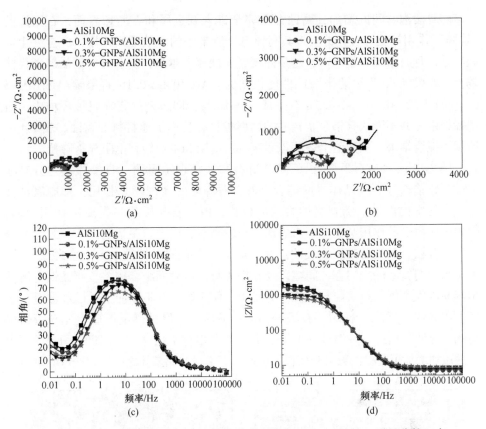

图 7-11 SLM 成形石墨烯/AlSi10Mg 复合材料在 3.5%NaCl 溶液（质量分数）中
浸泡 60 天后的电化学阻抗谱及拟合结果
（a）（b）奈奎斯特图；（c）（d）波特图

**表 7-4 SLM 成形石墨烯/AlSi10Mg 复合材料在 3.5%NaCl 溶液（质量分数）中
暴露 60 天的拟合结果**

参数	SLM/AlSi10Mg	0.1%GNP/AlSi10Mg	0.3%石墨烯/AlSi10Mg	0.5%石墨烯/AlSi10Mg
$R_s/\Omega \cdot cm^2$	7.58	7.0	8.32	8.24
$Y\text{-}Q_f/\Omega^{-1} \cdot cm^{-2} \cdot s^n$	3.84×10^{-4}	3.55×10^{-4}	3.76×10^{-4}	4.8×10^{-4}
$n_f\text{-}Q_f$	0.91	0.91	0.90	0.84
$R_f/\Omega \cdot cm^2$	1967	1666	983	807
$Y\text{-}Q_{dl}/\Omega^{-1} \cdot cm^{-2} \cdot s^n$	1.5×10^{-2}	2.045×10^{-2}	5.56×10^{-2}	4.80×10^{-2}
$n_{dl}\text{-}Q_{dl}$	1	1	1	1
$R_t/\Omega \cdot cm^2$	2555	1904	1061	704
χ^2	8.47×10^{-4}	1.37×10^{-3}	2.93×10^{-4}	1.42×10^{-3}

注：Y 为比例因子；n 为相比于纯电容元件的相移；R_s 表示溶液电阻；R_f 表示钝化膜电阻；R_t 为电荷转移电阻；R_W 为 Warburg 电阻，即扩散电阻；Q_f 对应着表面膜结构；Q_{dl} 对应着双电层结构。

随着浸泡时间的增加，腐蚀介质完全进入到金属和石墨烯界面，石墨烯的"屏障"作用被破坏，充分发挥其高导电性所带来的有效阴极作用，完全发生电偶腐蚀，且石墨烯含量越高，越易团聚，腐蚀速率越高，复合材料的耐腐蚀性能越差。在腐蚀 60 天后的耐腐蚀性能依次为：AlSi10Mg>0.1%石墨烯/AlSi10Mg>0.3%石墨烯/AlSi10Mg>0.5%石墨烯/AlSi10Mg，即长期暴露在腐蚀环境中，石墨烯纳米片并不能改善铝合金样品的耐腐蚀性，反而加速材料的腐蚀。表 7-4 中所示为拟合结果，从数值上表明该系统的膜电阻和电荷转移电阻显著降低。

图 7-12 所示为石墨烯/铝基复合材料腐蚀机理示意图。石墨烯均匀分布在 AlSi10Mg 合金中，与基体界面结合良好，石墨烯的"屏障"作用，抑制腐蚀液对复合材料的腐蚀。随着腐蚀时间的延长，由于石墨烯的"屏障"作用减弱，阻碍电解质扩散作用减弱。当石墨烯含量较高时，由于石墨烯的团聚，复合材料表面上存在一些微孔甚至微裂纹。腐蚀溶液会在孔周围扩散或者沿着裂纹扩散。由于团聚的石墨烯之间存在间隙以及石墨烯与基体界面结合较差，腐蚀性电解质很容易进入基体，石墨烯与基体边界发生电偶腐蚀，并不断向下扩散和渗透，破坏石墨烯的"屏障"作用，石墨烯剥落。最后，当腐蚀性电解质填充到石墨烯与铝合金的界面处，在腐蚀性电解质中石墨烯相对于铝合金为阴极，团聚的石墨烯的添加增加了阴极的数量和面积，加速了石墨烯与铝基体之间发生严重的腐蚀。

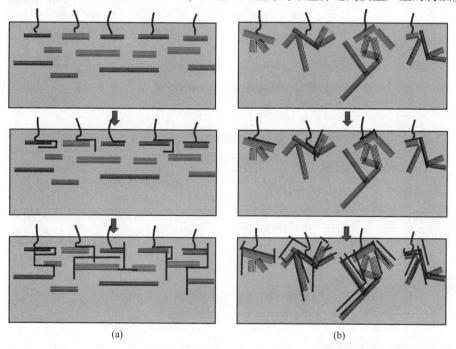

(a)　　　　　　　　　　　　　　(b)

图 7-12　腐蚀机理

(a) 石墨烯在复合材料中均匀分散；(b) 石墨烯在复合材料中团聚

参 考 文 献

[1] Ye H, Liu X Y, Hong H, Fabrication of metal matrix composites by metal injection molding-A review [J]. J. Mater. Process. Technol. , 2008, 200: 12-24.

[2] Pattar N, Patil S F. Review on fabrication and mechanical characterization of shape memory alloy hybrid composites [J]. Adv. Compos. Hybrid Mater. , 2019, 2: 571-585.

[3] Adam M, Mele P. Modulated rate (time) -dependent strain hardening of Ag/Bi2223 composite wire flattened in a low-strength AgMg alloy matrix [J]. ES Mater. Manuf. , 2018, 1: 27-34.

[4] Tong Y G, Cai Z H, Bai S X, et al. Microstructures and properties of Si-Zr alloy based CMCs reinforced by various porous C/C performs [J]. Ceram. Int. , 2018, 44: 16577-16582.

[5] Zhang X, Zhao N, He C. The superior mechanical and physical properties of nanocarbon reinforced bulk composites achieved by architecture design-A review [J]. Prog. Mater. Sci. , 2020, 113: 100672.

[6] Kim Y, Lee J, Yeom M S, et al. Strengthening effect of single-atomic-layer graphene in metal-graphene nanolayered composites [J]. Nat. Commun. , 2013, 4: 2114.

[7] Manivannan I, Ranganathan S, Gopalakannan S. Tribological behavior of aluminum nanocomposites studied by application of response surface methodology [J]. Adv. Compos. Hybrid Mater. , 2019, 2: 777-789.

[8] Suresh S, Gowd G H, Kumar M L S D. Mechanical and wear behavior of Al 7075/Al$_2$O$_3$/SiC/ Mg metal matrix nanocomposite by liquid state process [J]. Adv. Compos. Hybrid Mater. , 2019, 2: 530-539.

[9] Hu H, Yin Q, Chen S, et al. Investigation on the distribution of Fe and Ni in reduced Mo powders and its effects on the activated sintering of Mo compacts [J]. Eng. Sci. , 2019, 5: 88-96.

[10] Sadeghi B, Cavaliere P, Roeen G A, et al. Hot rolling of MWCNTs reinforced Al matrix composites produced via spark plasma sintering [J]. Adv. Compos. Hybrid Mater. , 2019, 2: 549-570.

[11] Saba F, Sajjadi S A, Heydari S, et al. A novel approach to the uniformly distributed carbon nanotubes with intact structure in aluminum matrix composite [J]. Adv. Compos. Hybrid Mater. , 2019, 2: 540-548.

[12] Idusuyi N, Olayinka J I. Dry sliding wear characteristics of aluminium metal matrix composites: A brief overview [J]. J. Mater. Res. Technol. , 2019, 8: 3338-3346.

[13] Imran M, Khan A R A. Characterization of Al-7075 metal matrix composites: a review [J]. J. Mater. Res. Technol. , 2019, 8: 3347-3356.

[14] Shen M J, Wang X J, Ying T, et al. Characteristics and mechanical properties of magnesium matrix composites reinforced with micron/submicron/nano SiC particles [J]. J. Alloys Compd. , 2016, 686: 831-840.

[15] Yao Y, Chen L, Processing of B4C particulate-reinforced magnesium-matrix composites by metal-assisted melt infiltration technique [J]. J. Mater. Sci. Technol. , 2014, 30: 661-665.

［16］ Zhao Z, Li J, Bai P, et al. Microstructure and mechanical properties of TiC-reinforced 316L stainless steel composites fabricated using selective laser melting ［J］. Metals, 2019 (9): 267.

［17］ Sakamoto T, Kukeya S, Ohfuji H, Microstructure and room and high temperature mechanical properties of ultrafine structured Al-5% Y_2O_3 and Al-5% La_2O_3 nanocomposites fabricated by mechanical alloying and hot pressing ［J］. Mater. Sci. Eng. A, 2019, 748: 428-433.

［18］ Pramod R, Veeresh Kumar G B, Gouda P S S, et al. A study on the Al_2O_3 reinforced Al7075 metal matrix composites wear behavior using artificial neural networks ［J］. Mater. Today: Proc. , 2018, 5: 11376-11385.

［19］ Fayomi J, Popoola A P I, Oladijo O P, et al. Experimental study of ZrB_2-Si_3N_4 on the microstructure, mechanical and electrical properties of high grade AA8011 metal matrix composites ［J］. J. Alloys Compd. , 2019, 790: 610-615.

［20］ Su J, Liu Z, Guo R, Chang J, et al. Understanding the transport and contact properties of metal/BN-MoS_2 interfaces to realize high performance MoS_2 FETs ［J］. J. Alloys Compd. , 2019, 771: 1052-1061.

［21］ Fale S, Likhite A, Bhatt J. Nanoindentation studies of ex situ AlN/Al metal matrix nanocomposites ［J］. J. Alloys Compd. , 2014, 615: S392-S396.

［22］ Liu J, Liu Z, Dong Z, et al. On the preparation and mechanical properties of in situ small-sized TiB_2/Al-4. 5Cu composites via ultrasound assisted RD method ［J］. J. Alloys Compd. , 2018, 765: 1008-1017.

［23］ Ozerov M, Klimova M, Vyazmin A, et al. Orientation relationship in a Ti/TiB metal-matrix composite ［J］. Mater. Lett. , 2017, 186: 168-170.

［24］ Jia J, Liu D, Gao C, et al. Preparation and mechanical properties of short carbon fibers reinforced α-Al_2O_3-based composites ［J］. Ceram. Int. , 2018, 44: 19345-19351.

［25］ Guo Y, Zhang Y, Li Z, et al. Microstructure and properties of in-situ synthesized ZrC-Al_3Zr reinforced composite coating on AZ91D magnesium alloy by laser cladding ［J］. Surf. Coat. Technol. , 2018, 334: 471-478.

［26］ Zhang W, Liu Y, Liu B, et al. A new titanium matrix composite reinforced with Ti-36Nb-2Ta-3Zr-0. 35O wire ［J］. Mater. Des. , 2017, 117: 289-297.

［27］ Xue Y, Lang L H, Bu G L, et al. Densification modeling of titanium alloy powder during hot isostatic pressing ［J］. Sci. Sinter. , 2011, 43: 247-260.

［28］ Hong X, Xin Z, Yanpeng L, et al. Mechanical property and corrosion behavior of SiCp/2A50 composites prepared by liquid forging ［J］. Rare Met. Mater. Eng. , 2015, 44: 1307-1313.

［29］ Stankovich S, Dikin D A, Dommett G H B, et al. Graphene-based composite materials ［J］. Nature, 2006, 442: 282-286.

［30］ Alexander A. Thermal properties of graphene and nanostructured carbon materials ［J］. Nat. Mater, 2011, 10: 569-581.

［31］ Li N, Zhang F, Wang H, et al. Catalytic degradation of 4-Nitrophenol in polluted water by three-dimensional gold nanoparticles/reduced graphene oxide microspheres ［J］. Eng. Sci. , 2019, 7: 72-79.

［32］ Yin Y, Jiang B, Meng L, et al. Investigation of thermostability of modified graphene oxide/methylsilicone resin nanocomposites ［J］. Eng. Sci. , 2019, 5: 73-78.

［33］ Zhao Y, Niu M, Yang F, et al. Ultrafast electro-thermal responsive heating film fabricated from graphene modified conductive materials ［J］. Eng. Sci. , 2019, 8: 33-38.

［34］ Zhang J X, Li P P, Zhang Z Z, et al. Solvent-free graphene liquids: Promising candidates for lubricants without the base oil ［J］. J. Colloid. Inter. Sci. , 2019, 542: 159-167.

［35］ Arshad A, Jabbal M, Yan Y, et al. A review on graphene based nanofluids: Preparation, characterization and applications ［J］. J. Mol. Liq. , 2019, 279: 444-484.

［36］ Suvarnaphaet P, Pechprasarn S. Graphene-based materials for biosensors: A review ［J］. Sensors, 2017, 17: 2161.

［37］ Qian Y X, Yuan Y H, Wang H L, et al. Highly efficient uranium adsorption by salicylaldoxime/polydopamine graphene oxide nanocomposites ［J］. J. Mater. Chem. A, 2018, 6: 24676-24685.

［38］ Zhu G, Cui X, Zhang Y, et al. Poly (vinyl butyral)/graphene oxide/poly (methylhydrosiloxane) nanocomposite coating for improved aluminum alloy anticorrosion ［J］. Polymer, 2019, 172: 415-422.

［39］ Gong X, Liu Y, Wang Y, et al. Shao, N. Lu, V. Murugadoss, T. Ding, Z. Guo, Amino graphene oxide/dopamine modified aramid fibers: Preparation, epoxy nanocomposites and property analysis ［J］. Polymer, 2019, 168: 131-137.

［40］ Zhang Z Z, Zhang J X, Li S Y, et al. Effect of graphene liquid crystal on dielectric properties of polydimethylsiloxane nanocomposites ［J］. Compos. Part B, 2019, 176: 107338.

［41］ Le K, Wang Z, Wang F, et al. Sandwich-like NiCo layered double hydroxide/reduced graphene oxide nanocomposite cathodes for high energy density asymmetric supercapacitors ［J］. Dalton. T. , 2019, 48: 5193-5202.

［42］ Murugadoss V, Lin J, Liu H, et al. Optimizing graphene content in a NiSe/graphene nanohybrid counter electrode to enhance the photovoltaic performance of dye-sensitized solar cells ［J］. Nanoscale, 2019, 11: 17579-17589.

［43］ Idrees M, Batool S, Kong J, et al. Polyborosilazane derived ceramics-nitrogen sulfur dual doped graphene nanocomposite anode for enhanced lithium ion batteries, Electrochim. Acta, 2019, 296: 925-937.

［44］ Guo Y, Yang X, Ruan K, et al. Reduced graphene oxide heterostructured silver nanoparticles significantly enhanced thermal conductivities in hot-pressed electrospun polyimide nanocomposites ［J］. ACS Appl. Mater. Inter. , 2019, 11: 25465-25473.

［45］ Ghodrati H, Ghomashchi R. Effect of graphene dispersion and interfacial bonding on the mechanical properties of metal matrix composites: An overview ［J］. FlatChem, 2019, 16: 100113.

［46］ Gong C, Lee G, Shan B, et al. First-principles study of metal-graphene interfaces ［J］. J. Appl. Phy. , 2010, 108: 123711.

［47］ Atif R, Inam F. Reasons and remedies for the agglomeration of multilayered graphene and carbon nanotubes in polymers [J]. Beilstein J. Nanotech. , 2016, 7: 1174-1196.

[48] Wang J Y, Li Z Q, Fan G L, et al. Reinforcement with graphene nanosheets in aluminum matrix composites [J]. Scripta Mater. , 2012, 66 (8): 594-597.

[49] Naidich Y V, Kolesnichenko G A. Study of the wetting of diamond and graphite by liquid metals [J]. Soviet Powder Metall. Met. Ceram. , 1964, 2: 35-38.

[50] Hao X, Wang X, Zhou S, et al. Microstructure and properties of silver matrix composites reinforced with Ag-doped graphene [J]. Mater. Chem. Phys. , 2018, 215: 327-331.

[51] Muszynski R, Seger B, Kamat P V, Decorating graphene sheets with gold nanoparticles [J]. J. Phys. Chem. C, 2008, 112: 5263-5266.

[52] Tang Y X, Yang X M, Wang R R, et al. Enhancement of the mechanical properties of graphene-copper composites with graphene-nickel hybrids [J]. Mater. Sci. Eng. A, 2014, 599: 247-254.

[53] Kumar S V, Huang N M, Lim H N, et al. Preparation of highly water dispersible functional graphene/silver nanocomposite for the detection of melamine [J]. Sens. Actuators. B, 2013, 181: 885-893.

[54] He Y X, Chen Q Y, Liu H, et al. Friction and Wear of MoO_3/Graphene Oxide Modified Glass Fiber Reinforced Epoxy Nanocomposites [J]. Macromolecular Materials and Engineering, 2019, 304: 1900166.

[55] Kirubasankar B, Murugadoss V, Lin J, et al. In situ grown nickel selenide on graphene nanohybrid electrodes for high energy density asymmetric supercapacitors [J]. Nanoscale, 2018, 10: 20414-20425.

[56] Zhao X Y, Tang J C, Yu F X, et al. Compounds, Preparation of graphene nanoplatelets reinforcing copper matrix composites by electrochemical deposition [J]. J. Alloy Comp. , 2018, 766: 266-273.

[57] Dau T N N, Vu V H, Cao T T, et al. In-situ electrochemically deposited Fe_3O_4 nanoparticles onto graphene nanosheets as amperometric amplifier for electrochemical biosensing applications [J]. Sens. Actuators. B, 2019, 283: 52-60.

[58] Yu S H, Zhao G C. Preparation of platinum nanoparticles-graphene modified electrode and selective determination of rutin [J]. Int. J. Electrochem. , 2012, 2012: 1-6.

[59] Pandey P A, Bell G R, Rourke J P, et al. Physical vapor deposition of metal nanoparticles on chemically modified graphene: Observations on metal-graphene interactions [J]. Small, 2011, 7: 3202-3210.

[60] Suzuki S Y, Lee C C, Nagamori T, et al. Nondegradative dielectric coating on graphene by thermal evaporation of SiO [J]. Jpn. J. Appl. Phys. , 2013, 52: 125102.

[61] Cong H P, Ren X C, Wang P, et al. Macroscopic Multifunctional graphene-based hydrogels and aerogels by a metal ion induced self-assembly process [J]. ACS Nano, 2012, 6: 2693-2703.

[62] Bagheri P, Farivar M, Simchi A. Graphene-mediated self-assembly of gold nanorods into long fibers with controllable optical properties [J]. Mater. Lett. , 2018, 224: 13-17.

[63] Hong W J, Bai H, Xu Y X, et al. Preparation of gold nanoparticle/graphene composites with

controlled weight contents and their application in biosensors [J]. J. Phys. Chem. C, 2010, 114: 1822-1826.

[64] Huang X, Zhou X Z, Wu S X, et al. Reduced graphene oxide-templated photochemical synthesis and in situ assembly of Au nanodots to orderly patterned Au nanodot chains [J]. Small, 2010, 6: 513-516.

[65] Zhao Z Y, Bai P K, Misra R D K, et al. AlSi10Mg alloy nanocomposites reinforced with aluminum-coated graphene: Selective laser melting, interfacial microstructure and property analysis [J]. J. Alloy Comp. , 2019, 792: 203-214.

[66] Zhao Z Y, Misra R D K, Bai P K, et al. Novel process of coating Al on graphene involving organic aluminum accompanying microstructure evolution [J]. Mater. Lett. , 2018, 232: 202-205.

[67] Hu Z, Chen F, Xu J, et al. 3D printing graphene-aluminum nanocomposites [J]. J. Alloys Compd. , 2018, 746: 269-276.

[68] Shao P, Yang W, Zhang Q, et al. Microstructure and tensile properties of 5083 Al matrix composites reinforced with graphene oxide and graphene nanoplates prepared by pressure infiltration method [J]. Compos. Part A, 2018, 109: 151-162.

[69] Yu Z, Yang W, Zhou C, et al. Effect of ball milling time on graphene nanosheets reinforced Al6063 composite fabricated by pressure infiltration method [J]. Carbon, 2019, 141: 25-39.

[70] Yang W, Zhao Q, Xin L, et al. Microstructure and mechanical properties of graphene nanoplates reinforced pure Al matrix composites prepared by pressure infiltration method [J]. J. Alloys Compd. , 2018, 732: 748-758.

[71] Li J, Zhang X, Lin G. Improving graphene distribution and mechanical properties of GNP/Al composites by cold drawing [J]. Mater. Des. , 2018, 144: 159-168.

[72] Liu Y J, Chen G Q, Zhang H, et al. In situ exfoliation of graphite for fabrication of graphene/aluminum composites by friction stir processing [J]. Mater. Lett. , 2021, 301 (10): 130280.

[73] Khodabakhshi F, Arab S M, Švec P, et al. Fabrication of a new Al-Mg/graphene nanocomposite by multi-pass friction-stir processing: Dispersion, microstructure, stability, and strengthening [J]. Mater. Charact. , 2017, 132: 92-107.

[74] Sajadifar S V, Atli K C, Yapici G G. Effect of severe plastic deformation on the damping behavior of titanium [J]. Mater. Lett. , 2019, 244: 100-103.

[75] Edalati K, Fujita I, Sauvage X, et al. Microstructure and phase transformations of silica glass and vanadium oxide by severe plastic deformation via high-pressure torsion straining [J]. J. Alloys Compd. , 2019, 779: 394-398.

[76] Yu J M, Zhang Z M, Wang Q, et al. Rotary extrusion as a novel severe plastic deformation method for cylindrical tubes [J]. Mater. Lett. , 2018, 215: 195-199.

[77] Xue Y, Yang Z H, Zhang Z M, et al. Microstructure and mechanical properties of AZ80 magnesium alloy by cyclic expansion-extrusion processing [J]. Rare Met. Mater. Eng. , 2017, 46 (7): 1983-1988.

[78] Cao Y, Ni S, Liao X Z, et al. Structural evolutions of metallic materials processed by severe

plastic deformation [J]. Mater. Sci. Eng. R, 2018, 133: 1-59.

[79] Danilenko V N, Sergeev S N, Baimova J A, et al. An approach for fabrication of Al-Cu composite by high pressure torsion [J]. Mater. Lett. , 2019, 236: 51-55.

[80] Hanna A, Azzeddine H, Lachhab R, et al. Evaluating the textural and mechanical properties of an Mg-Dy alloy processed by high-pressure torsion [J]. J. Alloys Compd. , 2019, 778: 61-71.

[81] Shamanian M, Mohammadnezhad M, Asgari H, et al. Fabrication and characterization of Al-Al_2O_3-ZrC composite produced by accumulative roll bonding (ARB) process [J]. J. Alloys Compd. , 2015, 618: 19-26.

[82] Mozaffari A, Danesh Manesh H, Janghorban K. Evaluation of mechanical properties and structure of multilayered Al/Ni composites produced by accumulative roll bonding (ARB) process [J]. J. Alloys Compd. , 2010, 489 (1): 103-109.

[83] Li B L, Tsuji N, Kamikawa N. Microstructure homogeneity in various metallic materials heavily deformed by accumulative roll-bonding [J]. Mater. Sci. Eng. A, 2006, 423: 331-342.

[84] Alizadeh M, Dashtestaninejad M K. Development of Cu-matrix, Al/Mn-reinforced, multilayered composites by accumulative roll bonding (ARB) [J]. J. Alloys Compd. , 2018, 732: 674-682.

[85] Hosseini M, Pardis N, Danesh Manesh H, et al. Structural characteristics of Cu/Ti bimetal composite produced by accumulative roll-bonding (ARB) [J]. Mater. Des. , 2017, 113: 128-136.

[86] Jiang S, Peng R L, Jia N, et al. Microstructural and textural evolutions in multilayered Ti/Cu composites processed by accumulative roll bonding [J]. J. Mater. Sci. Technol. , 2019, 35: 1165-1174.

[87] Ferreira F, Ferreira I, Camacho E, et al. Graphene oxide-reinforced aluminium-matrix nanostructured composites fabricated by accumulative roll bonding [J]. Compos. Part B, 2019, 164: 265-271.

[88] Huang Y, Bazarnik P, Wan D, et al. The fabrication of graphene-reinforced Al-based nanocomposites using high-pressure torsion [J]. Acta Mater. , 2019, 164: 499-511.

[89] Bakshi S R, Singh V, Balani K, et al. Carbon nanotube reinforced aluminum composite coating via cold spraying [J]. Surf. Coat. Techn. , 2008, 202: 5162-5169.

[90] Cho S, Takagi K, Kwon H, et al. Multi-walled carbon nanotube-reinforced copper nanocomposite coating fabricated by low-pressure cold spray process [J]. Surf. and Coat. Techn. , 2012, 206: 3488-3494.

[91] Choubey G, Suneetha L, Pandey K M. Composite materials used in scramjet-A review [J]. Mater. Today: Proc. , 2018, 5: 1321-1326.

[92] Mu X N, Zhang H M, Cai H N, et al. Microstructure evolution and superior tensile properties of low content graphene nanoplatelets reinforced pure Ti matrix composites [J]. Mater. Sci. Eng. A, 2017, 687: 164-174.

[93] Jin Y, Zhao X L, Bai P K, et al. The graphene/AlSi10Mg composites with fine cells and nano-

Si precipitates fabricated using selective laser melting [J]. Materials Letters, 2022, 324: 132775.

[94] Zhao Z Y, Zhao W J, Bai P K, et al. The interfacial structure of Al/Al$_4$C$_3$ in graphene/Al composites prepared by selective laser melting: First-principles and experimental [J]. Mater. Lett., 2019, 255: 126559.

[95] Bartolucci S F, Paras J, Rafiee M A, et al. Graphene-aluminum nanocomposites [J]. Mater. Sci. Eng. A, 2011, 528: 7933-7937.

[96] Wang J Y, Li Z Q, Fan G L, et al. Reinforcement with graphene nanosheets in aluminum matrix composites [J]. Scripta Mater., 2012, 66: 594-597.

[97] Li Z, Fan G, Tan Z, et al. Uniform dispersion of graphene oxide in aluminum powder by direct electrostatic adsorption for fabrication of graphene/aluminum composites [J]. Nanotechnology, 2014, 25: 325601.

[98] Li J L, Xiong Y C, Wang X D, et al. Microstructure and tensile properties of bulk nanostructured aluminum/graphene composites prepared via cryomilling [J]. Mater. Sci. Eng. A, 2015, 626: 400-405.

[99] Rashad M, Pan F S, Tang A, et al. Effect of Graphene Nanoplatelets addition on mechanical properties of pure aluminum using a semi-powder method [J]. Prog. Nat. Sci., 2014, 24: 101-108.

[100] Yan S J, Dai S L, Zhang X Y, et al. Investigating aluminum alloy reinforced by graphene nanoflakes [J]. Mater. Sci. Eng. A, 2014, 612: 440-444.

[101] Shin S E, Choi H J, Shin J H, et al. Strengthening behavior of few-layered graphene/aluminum composites, Carbon, 2015, 82: 143-151.

[102] Khodabakhshi F, Nosko M, Gerlich A P. Effects of graphene nano-platelets (GNPs) on the microstructural characteristics and textural development of an Al-Mg alloy during friction-stir processing [J]. Surf. Coat. Tech., 2018, 335: 288-305.

[103] Zhou W W, Mikulova P, Fan Y C, et al. Interfacial reaction induced efficient load transfer in few-layer graphene reinforced Al matrix composites for high-performance conductor [J]. Compos. Part B, 2019, 167: 93-99.

[104] Jeon C H, Jeong Y H, Seo J J, et al. Material properties of graphene/aluminum metal matrix composites fabricated by friction stir processing [J]. Int. J. Precis. Eng. Man., 2014, 15 (6): 1235-1239.

[105] Sharma A, Sharma V M, Sahoo B, et al. Effect of multiple micro channel reinforcement filling strategy on Al6061-graphene nanocomposite fabricated through friction stir processing [J]. J. Manuf. Process., 2019, 37: 53-70.

[106] Shao P Z, Yang W S, Qiang Z, et al. Microstructure and tensile properties of 5083 Al matrix composites reinforced with graphene oxide and graphene nanoplates prepared by pressure infiltration method [J]. Compos. Part. A, 2018, 109: 151-162.

[107] Yu Z H, Yang W S, Zhou C, et al. Effect of ball milling time on graphene nanosheets reinforced Al6063 composite fabricated by pressure infiltration method [J]. Carbon, 2019,

141: 25-29.

[108] Zhang Z W, Liu Z Y, Xiao B L, et al. High efficiency dispersal and strengthening of graphene reinforced aluminum alloy composites fabricated by powder metallurgy combined with friction stir processing [J]. Carbon, 2018, 135: 215-223.

[109] Sethuram D, Koppad P G, Shetty H, et al. Characterization of graphene reinforced Al-Sn nanocomposite produced by mechanical alloying and vacuum hot pressing [J]. Mater Today: Proc. , 2018, 5: 24505-24514.

[110] Mirjavadi S S, Alipour M, Hamouda A M S, et al. Effect of hot extrusion and T6 heat treatment on microstructure and mechanical properties of Al-10Zn-3.5Mg-2.5Cu nanocomposite reinforced with graphene nanoplatelets [J]. J. Manuf. Process, 2018, 36: 264-271.

[111] Li J C, Zhang X X, Geng L. Improving graphene distribution and mechanical properties of GNP/Al composites by cold drawing [J]. Mater. Des. , 2018, 144: 159-168.

[112] Alipour M, Keshavamurthy R, Koppad P G, et al. Investigation of microstructure and mechanical properties of cast Al-10Zn-3.5Mg-2.5Cu nanocomposite reinforced with graphene nano sheets produced by ultrasonic assisted stir casting [J]. Inter Metalcast, 2023, 17: 935-946.

[113] Wu Y H, Zhan K, Yang Z, et al. Graphene oxide/Al composites with enhanced mechanical properties fabricated by simple electrostatic interaction and powder metallurgy [J]. J. Alloys Compd. , 2019, 775: 233-240.

[114] Dixit S, Mahata A, Mahapatra D R, et al. Multi-layer graphene reinforced aluminum-Manufacturing of high strength composite by friction stir alloying [J]. Compos. Part B, 2018, 136: 63-71.

[115] Hu Z, Chen F, Xu J, et al. 3D printing graphene-aluminum nanocomposites [J]. J. Alloys Compd. , 2018, 746: 269-276.

[116] Jiu H, Jiao H, Zhang L, et al. Graphene-crosslinked two-way reversible shape memory polyurethane nanocomposites with enhanced mechanical and electrical properties [J]. J. Mater. Sci. Mater. Electron. , 2016, 27: 10720-10728.

[117] Jiu H, Huang C, Zhang L, et al. Excellent electrochemical performance of graphene-polyaniline hollow microsphere composite as electrode material for supercapacitors [J]. J. Mater. Sci. Mater. Electron. , 2015, 26: 8386-8393.

[118] Han T, Jin J, Wang C, et al. Ag Nanoparticles-modified 3D graphene foam for binder-free electrodes of electrochemical sensors [J]. Nanomaterials, 2017, 7 (2): 40.

[119] Du R, Tian X, Yao J, et al. Controlled synthesis of three-dimensional reduced graphene oxide networks for application in electrode of supercapacitor [J]. Diamond Relat. Mater. , 2016, 70: 186-193.

[120] Zhang J, Zhang W, Wei L, et al. Alternating multilayer structural epoxy composite coating for corrosion protection of Steel [J]. Macromol. Mater. Eng. , 2019, 304: 1900374.

[121] Nautiyal A, Qiao M, Ren T, et al. High-performance engineered conducting polymer film towards antimicrobial/anticorrosion applications [J]. Eng. Sci. , 2018, 4: 70-78.

[122] Ding R, Li W, Wang X, et al. A brief review of corrosion protective films and coatings based on graphene and graphene oxide [J]. J. Alloys Compd. , 2018, 764: 1039-1055.

[123] Ranjandish Laleh R, Savaloni H, Abdi F, et al. Corrosion inhibition enhancement of Al alloy by graphene oxide coating in NaCl solution, Prog. Org. Coat. , 2019, 127: 300-307.

[124] Shirvanimoghaddam K, Hamim S U, Karbalaei Akbari M, et al. Carbon fiber reinforced metal matrix composites: Fabrication processes and properties [J]. Compos. Part A, 2017, 92: 70-96.

[125] Macke A, Schultz B F, Rohatgi P. Metal Matrix Composites Offer Automotive industry opportunity to reduce vehicle weight, improve performance [J]. Adv. Mater. Process. , 2012, 170: 19-23.